2018 年河南省"8·18"暴雨洪水

刘冠华　何俊霞　崔亚军　主编

黄河水利出版社

·郑州·

内 容 提 要

本书在大量实测和调查资料的基础上,系统分析了2018年"8·18"暴雨洪水,具有较高的科学性和权威性。通过暴雨洪水调查、工程运行情况调查,掌握第一手资料,分析研究产汇流规律,掌握工程运行情况以及防洪除涝的新情况、新变化,为今后平原区产汇流预报、防洪除涝、工程运用、水生态治理、水资源开发利用提供权威的第一手资料和宝贵借鉴。

图书在版编目(CIP)数据

2018年河南省"8·18"暴雨洪水/刘冠华,何俊霞,崔亚军主编. —郑州:黄河水利出版社,2020.9

ISBN 978 - 7 - 5509 - 2798 - 8

Ⅰ.①2… Ⅱ.①刘… ②何… ③崔… Ⅲ.①暴雨洪水 - 调查报告 - 河南 - 2018 Ⅳ.①P331.1

中国版本图书馆 CIP 数据核字(2020)第 164283 号

组稿编辑:张倩   电话:0371 - 66026755   QQ:995858488

出 版 社:黄河水利出版社   网址:www.yrcp.com
　　　　　地址:河南省郑州市顺河路黄委会综合楼14层   邮政编码:450003
发行单位:黄河水利出版社
　　　　　发行部电话:0371 - 66026940、66020550、66028024、66022620(传真)
　　　　　E-mail:hhslcbs@126.com
承印单位:河南匠心印刷有限公司
开本:787 mm×1 092 mm   1/16
印张:10.5
字数:243 千字   印数:1—1 000
版次:2020 年 9 月第 1 版   印次:2020 年 9 月第 1 次印刷

定价:98.00 元

编 写 人 员

主　编　刘冠华　何俊霞　崔亚军

副主编　陈　磊　赵慧军　周　珂　闫家珲

　　　　王一匡　李　莹　罗晓丹

前　言

2018 年 8 月 17 日至 18 日,受 18 号台风"温比亚"的影响,河南省京广线以东大部分地区出现了暴雨、特大暴雨过程,尤其是商丘市、周口市、开封市辖区出现了罕见的暴雨过程,暴雨强度大、笼罩面积广、量级高,造成豫东平原区大范围的洪涝灾害。

为了全面、客观、系统地分析"8·18"暴雨洪水,分析评价洪水特性及防洪工程所发挥的作用,为防汛抗洪、水利规划、工程设计和运用管理以及水文情报预报等提供有价值的宝贵资料,河南省水利厅部署暴雨洪水调查工作。河南省水文水资源局立即成立了暴雨洪水调查工作组,相关水文水资源勘测局全力配合,安排责任心强、业务水平高的技术人员开展专项调查研究工作,完成了河南省"8·18"暴雨洪水调查报告初稿的编写工作。

本书在大量实测和调查资料的基础上,系统分析了 2018 年"8·18"暴雨洪水,具有较高的科学性和权威性,通过暴雨洪水调查、工程运行情况调查,掌握第一手资料,分析研究产汇流规律、掌握工程运行情况以及防洪除涝的新情况、新变化,为今后平原区产汇流预报、防洪除涝、工程运用、水生态治理、水资源开发利用提供权威的第一手资料和宝贵借鉴。

本书在编写过程中得到了淮委水文局、河南省防汛抗旱指挥部办公室、各市水利(务)局的大力支持,在此表示衷心的感谢。由于我们的技术水平有限,书中缺点和错误在所难免,殷切希望得到读者的批评指正。

编　者
2020 年 5 月

目　录

2018 年河南省"8·18"暴雨洪水概述

2018 年 8 月,受 18 号台风"温比亚"的影响,河南省京广线以东各地(市)降暴雨、特大暴雨,暴雨中心主要位于商丘市、周口市、开封市。本书对此次暴雨洪水的成因、过程、特性、调查分析情况以及有关专题等进行了全面系统的分析,概述如下。

一、暴雨

(一)暴雨概况

2018 年 8 月 17 日 3 时至 19 日 22 时,河南全省普降小到中雨,京广线以东各地(市)降暴雨、特大暴雨,暴雨中心主要位于商丘市、周口市、开封市。全省累积降雨量大于 400 mm 的站点 8 处、300～400 mm 的站点 60 处、200～300 mm 的站点 140 处、100～200 mm 的站点 539 处;1 h 降雨量超过 50 mm 的站点 43 处,6 h 降雨量大于 200 mm 的站点 8 处、24 h 降雨量大于 300 mm 的站点 49 处、24 h 降雨量大于 200 mm 的站点 155 处。累积最大点雨量商丘市睢阳区火胡庄雨量站 491 mm、睢县一刀刘雨量站 456.5 mm,开封市杞县板木雨量站 445 mm,商丘市夏邑县骆集雨量站 404.5 mm。

最大 1 h 降雨量:商丘市睢阳区水务局雨量站 104 mm。

最大 6 h 降雨量:商丘市睢县一刀刘雨量站 243 mm、宁陵县唐洼雨量站 233.5 mm。

最大 24 h 降雨量:商丘市睢阳区火胡庄雨量站 439.5 mm、宁陵县唐洼雨量站 437.5 mm。

全省降雨量大于 400 mm 笼罩面积 396 km^2,降雨量大于 300 mm 笼罩面积 5 476 km^2,降雨量大于 200 mm 笼罩面积 18 600 km^2。

(二)暴雨特点

一是降雨强度大。1 h 最大降雨量商丘市睢阳区水务局雨量站 104 mm,6 h 最大降雨量商丘市睢县一刀刘雨量站 243 mm ,24 h 最大降雨量商丘市睢阳区火胡庄雨量站 439.5 mm,为商丘市中华人民共和国成立以来最大。

二是降雨量级大。累积平均降雨量:商丘市 272 mm,为 8 月多年平均月降雨量的 2 倍多;周口市 198 mm、开封市 179 mm 均超过 8 月多年平均月降雨量的 50% 左右。

三是影响范围广。降雨覆盖京广线以东各市,降雨量大于 100 mm 笼罩面积占全省总面积的近三分之一。

四是影响时间长。台风中心自 18 日 3 时由固始县进入河南省,至 19 日 17 时由商丘市虞城县移出,共滞留 38 h。受台风外围云系影响,17 日 3 时信阳市南部开始降雨,19 日 22 时降雨结束,持续近 67 h。

(三)暴雨成因

"温比亚"诞生于全年西南季风最强时,且台风"贝碧嘉""摩羯""丽琵"相继消散,西南季风水汽主力全部源于它。西风槽对东侧副高打压,副高东退,逐渐远离台风"温比亚",而大陆高压逐渐南落接手这个台风,导致"温比亚"先在东海向北走了一截儿,然后突然拐弯平西甚至西南;而在"温比亚"登陆后,远比不上太平洋副高稳定的大陆高压迅速崩溃,"温比亚"在我国长江和淮河流域"迷路"滞留。

一般台风登陆后,由于下垫面摩擦增大、水汽输送减小等不利条件,会导致台风强度急速衰减。而"温比亚"登陆后,各方面条件都比较好,它与西风带系统结合,加上良好的季风水汽输送,"温比亚"环流一直维持得比较好,它在河南省境内完成了减速、停滞、拐弯转向的过程,然后顽强北上与冷空气结合,掀起了新一轮强降雨。

二、洪水

受降雨影响,河南省淮河支流史灌河、惠济河、涡河、沱河、汾泉河、贾鲁河、洪河等出现涨水过程,均不超警戒水位。

史灌河信阳市商城县鲇鱼山水库 8 月 18 日 0 时最大入库流量 808 m³/s,8 月 20 日 18 时水位 103.49 m(汛限水位 107.00 m,相应蓄水量 5.12 亿 m³),相应蓄水量 3.72 亿 m³;固始县蒋集水文站 19 日 2 时出现最高水位 28.91 m(警戒水位 32.00 m),最大流量 988 m³/s。

惠济河开封市杞县大王庙水文站 19 日 14 时最高水位 57.76 m,最大流量 75.1 m³/s,商丘市柘城县惠济河砖桥水文站 19 日 10 时最大流量 155 m³/s,21 日 2 时最高水位 40.39 m(警戒水位 41.16 m,保证水位 43.52 m);包河梁园区孙庄水文站因包河下游施工堵塞河道,19 日 22 时水位上涨至 49.87 m,超过历史最高水位(48.12 m);20 日 6 时 30 分最大流量 27.1 m³/s;浍河永城市黄口集水文站 21 日 6 时最高水位 28.18 m,21 日 7 时 40 分最大流量 65.2 m³/s。李集水文站 8 月 18 日 23 时水位 40.62 m,接近历史最高水位 (40.98 m),流量 73.1 m³/s,超过历史最高流量(69.4 m³/s);永城水文站测得最高水位 32.60 m,超汛限水位 2.6 m,实测最大流量 350.0 m³/s,为 1982 年 7 月以来最大。

汾泉河周口市商水县周庄水文站 19 日 10 时 40 分最高水位 41.01 m,最大流量 194 m³/s;沈丘县沈丘水文站 8 月 20 日 2 时最高水位 33.98 m,20 日 0 时 51 分最大流量 254 m³/s。

贾鲁河郑州市中牟县中牟水文站 19 日 20 时 30 分最高水位 76.18 m,最大流量 120 m³/s。

洪汝河驻马店市新蔡县班台水文站 20 日 12 时最大流量 497 m³/s,17 时最高水位 28.79 m(警戒水位 33.50 m)。

三、暴雨调查分析

对商丘市、周口市、开封市、濮阳市 20 个降雨较大的站点进行实地调查,观测场地合乎要求,RTU 数据无丢失情况;各时段雷达图也与各站点的 1 h 雨强变化情况相吻合;与邻近站点对比,雨量变化趋势相同,雨强接近。以上分析复核结果表明,各站资料记录翔实可靠。

为了验证"8·18"暴雨过程中雨量监测的可靠性,对点雨量较大的 11 处站点的遥测雨量计进行了现场校测。使用的校测仪器为南京水文自动化研究所(江苏南水水务科技有限公司)生产的 PGC10 型移动式雨量计校准仪,校测过程严格按照仪器使用规程进行。"8·18"暴雨中心站点雨量监测最大绝对误差不超过 10 mm,相对误差在 2% 以内,没有超过规范规定的底限,精度高,"8·18"暴雨水文系统监测值是完全可靠的。

最大 10 min、1 h、3 h、6 h、12 h 降水量的重现期达 500 年,最大 24 h 降水量的重现期最大的达 300 年。

四、洪水调查分析

计算暴雨区内 21 处水文站径流系数,普遍径流系数偏小,降雨大,产流小。平均径流系数 0.085,最大王引河李黑楼站 0.28,包河孙庄站 0.24,沙颍河槐店站 0.22,最小黑河周堂桥站 0.002,涡河邸阁站 0.002。

经过实地调查及分析计算,商丘市、周口市、开封市、濮阳市形成径流量、植物蒸散发水量、区域蓄水变量、补充地下水量及补充土壤水量之和与区域降水量相当,"8·18"暴雨洪水水量基本平衡。

五、不同分辨力雨量计对比

对 11 个站点分别选取 2～3 场次降雨,对比分析分辨力 0.1 mm 与 0.5 mm 设备 1 h、6 h 雨量值。

其中:当降雨强度较小或较大时,两种设备误差相对较小;当降雨强度中等时,两种设备误差相对较大。

统计分析 6 处站点自 5 月 15 日至 9 月 1 日的日雨量,日雨量在 25 mm 以下(中雨)和 100 mm(暴雨)以上时,雨量误差率较小。

第一章　流域概况

第一节　行政区划与自然地理

河南省位于北纬 31°23′~36°22′、东经 110°21′~116°39′,东接安徽、山东,北接河北、山西,西连陕西,南邻湖北,呈望北向南、承东启西之势。全省总面积 16.7 万 km²,居全国各省(区、市)第 17 位,占全国总面积的 1.73%。河南省辖郑州、开封、洛阳、平顶山、安阳、鹤壁、新乡、焦作、濮阳、许昌、漯河、三门峡、南阳、商丘、信阳、周口、驻马店等 17 个省辖市,济源 1 个省直管市,21 个县级市,87 个县,50 个市辖区。地势西高东低,北、西、南三面由太行山、伏牛山、桐柏山、大别山沿省界呈半环形分布;中、东部为黄淮海冲积平原,西南部为南阳盆地。平原盆地、山地丘陵分别占总面积的 55.7%、44.3%。

商丘、周口、开封、濮阳四市位于河南省中东部,属黄淮海冲积平原,东部与山东省聊城市、泰安市、安徽省阜阳市毗邻,南部与驻马店市相连,西接漯河、许昌、郑州、新乡、安阳市,北部与河北省邯郸市相连。

商丘市位于东经 114°49′~116°39′。全市总面积 10 704 km²,辖睢阳区、梁园区、永城市、民权县、睢县、宁陵县、柘城县、虞城县、夏邑县共 2 个区、1 个县级市、6 个县。商丘市位于豫东平原,地势平坦,大体上由西北向东南微倾。地貌类型按成因分为黄河冲积平原、淮河冲积平原和剥蚀残丘。辖区内的土壤主要受黄河泛滥冲积泥沙运动影响,表层土壤质地分布情况错综复杂,以砂壤土为主,局部有黏土。浅层地下水埋深一般为 1.0~6.0 m,主要靠大气降水入渗补给。受气候、地质、人为因素影响,浅层地下水含氟、含盐严重超标,部分地区污染严重,已不适于人、畜饮用。深层地下水埋深在 390~600 m,水质较好,可以作为人、牲畜安全饮用水。

周口市位于北纬 33°03′~34°20′、东经 114°05′~115°39′,东部与安徽省阜阳市毗邻,南部与驻马店相连,西接漯河市、许昌市,北部与开封、商丘市相邻,全市土地面积 11 959 km²,耕地面积 1 280 万亩❶,总人口 1 155.98 万人。辖扶沟县、西华县、商水县、太康县、鹿邑县、郸城县、淮阳县、沈丘县、项城市、川汇区等 10 县(市、区)和经济技术开发区、东新区、产业物流集聚区。本地属黄淮平原,地势西北高,东南低,自然坡降为 1/5 000~1/7 000,海拔为 35.5~64.3 m。大致以川汇区—太康一线为界,线西海拔为 50.0~64.3 m,自然坡降为 1/5 000~1/6 000;线东海拔为 35.5~50.0 m,自然坡降为 1/6 000~1/7 000。线东的郸城东部,沈丘东部、东南部,项城中部、南部海拔多在 40 m 以下,地势低洼易涝。周口市浅层地下水埋深一般为 2.0~4.0 m,主要靠大气降水入渗补给,其次为河、渠侧渗及灌溉回归水补给。

---

❶ 1 亩 = 1/15 hm²。

开封市位于东经 113°52′15″～115°15′42″、北纬 34°11′45″～35°01′20″,东与商丘市相连,西与省会郑州毗邻,南接许昌市和周口市,北依黄河,与新乡市隔河相望,总面积 6 266 km²,开封市辖 5 区 3 县:鼓楼区、龙亭区、禹王台区、顺河回族区、祥符区和尉氏县、通许县、杞县,共有 71 个乡镇。辖区属黄淮冲积扇平原上游,地势西高东低,北高南低,由西北向东南微倾斜。海拔在 57.6～82.5 m。相对高差 25 m 左右,坡度较小,一般为 1/1 000～1/5 000。地貌有黄河堆积滩地、风积冲积沙丘地、黄河冲积平地、黄河冲积低洼地四种类型。地下水位较高,埋深一般平均为 3～5 m,主要靠大气降水入渗补给,其次为河、渠侧渗及灌溉回归水补给。

濮阳市地处北纬 35°20′00″～36°12′23″、东经 114°52′00″～116°05′04″,全市总面积为 4 188 km²。濮阳的地势较为平坦,自西南向东北略有倾斜,海拔一般为 48～58 m。濮阳县西南滩区局部高达 61.8 m,台前县东北部最低仅 39.3 m。平地约占全市面积的 70%,洼地约占 20%,沙丘约占 7%,水域约占 3%。浅层地下水埋深一般为 2.0～25.0 m,主要靠区内河流侧向补给和大气降水补给。

第二节　水文气候特征

一、降水及蒸发

多年平均降水量为 565～773 mm,其中,周口市 772.5 mm、商丘市 724.9 mm、开封市 650.7 mm、濮阳市 565.5 mm,由西北向东南递增。降水量年内分配不均衡,主要集中在汛期 6～9 月,全年以 7 月降水量最多,且常以暴雨形式出现。多年平均水面蒸发量 1 300～1 700 mm,蒸发量的四季分配为冬季最小,夏季最大,春季大于秋季。

二、气候特征

商丘市、周口市、开封市、濮阳市地处中纬度地带,属暖温带半湿润季风型气候,四季分明,温差较大,降水不均。总的气候特点是:冬季寒冷雨雪少,夏季炎热雨集中,春秋温暖季节短,春夏之交多雨风。光、热、水资源比较丰富,有利于多种作物及林木生产,适合于农林牧渔各业的综合发展。年平均气温在 14.5～15.8 ℃,年平均气温变差为 27 ℃左右,平均无霜期 207～219 d,历年平均风速为 2.1～4.2 m/s,以东北偏北风为主。

第三节　河流水系

一、商丘市

商丘市境内流域面积 100～1 000 km²,河流 35 条,30～100 km² 河流 110 条。总属淮河流域,分属南四湖水系面积 866.4 km²,占全区总面积的 8.56%;涡河水系面积 4 341.5 km²,占全区总面积的 42.90%;洪泽湖水系面积 4 912 km²,占全区总面积的 48.54%。各河呈西北东南流向,大致平行相间分布,多属季节性雨源型河流,汛期雨大、下暴雨时河水猛涨,洪峰显著,水位、流量变化很大。主要河流在洪水期以河水补回地下水。

商丘市流域面积 100 km² 以上河流情况如表 1-1 所示。

表 1-1　商丘市流域面积 100 km² 以上河流情况

水系	河流		起止地点	流经区、市、县	长度（km）	流域面积（km²）
	注入河流	名称				
南四湖	南四湖	黄河故道	民权县坝窜至单县大姜庄南	梁园区、民权县、宁陵县、虞城县	136	1 408
	黄河故道	杨河	宋庄至张平楼东北	民权县	31.5	148
	杨河	小堤河	程庄寨北至张平楼东北	民权县	37.8	254
	黄河故道	朱刘沟	民权县朱洼至商丘县张坝子	民权县、宁陵县、商丘县	31.7	131
涡河	淮河	涡河	丁小庄至鸭李庄	柘城县	15	4 048
	铁底河	小温河	郭堂至邓庄	睢县	6	12
	涡河	杨大河	商丘县赵口至虞城县大李庄	商丘县、虞城县	34.2	255
	杨大河	蔡河	刘庄至谢庄		30.4	128
	涡河	惠济河	杜公集至王口村下	睢县、柘城县	82.5	3 700
	惠济河	茅草河	兰民县界至何吉屯	民权县、睢县	34.6	163
		通惠渠	兰民县界至睢县洼刘		49.9	513
	通惠渠	吴堂河	李庄寨至王庄村		26	132
	惠济河	旱家沟	苏窑至上朱桥	民权县、宁陵县、睢县	45.5	162
		蒋河	睢杞县界至官桥	睢县、柘城县	56.8	591
	蒋河	祁河	小河铺东至后祖六	睢县	38.3	229
	惠济河	废黄河	何庄至梁湾店	睢县、宁陵县、柘城县	77.3	373
		小洪河	小秦庄至孙楼东南	柘城县	31.2	133
		永安沟	李斗吾至王口村南		31.5	113
		太平沟	朱庄庙至石桥	宁陵县、商丘县、柘城县	59.5	295
	涡河	大沙河	断堤头至陈楼集	民权县、宁陵县、商丘县	93.2	1 246
	大沙河	清水河	前李集至李老家西	宁陵县、商丘县	31.5	275
	清水河	陈两河	小张庄至郭村集西北	民权县、宁陵县、商丘县	73.2	412
	大沙河	洮河	伯党集至陈庄南	民权县、睢县、宁陵县、柘城县、商丘县	73.6	251

续表 1-1

水系	河流		起止地点	流经区、市、县	长度 （km）	流域面积 （km²）
	注入河流	名称				
洪泽湖	洪泽湖	浍河	蔡油坊至李口集	夏邑县、永城市	57.4	1 314
	浍河	东沙河	潘口集至大王集	商丘县、虞城县、 夏邑县、永城市	105.7	394
		挡马沟	马头寺至王油坊	夏邑县、亳州、永城市	33.8	105
		洛沟	站李集至李营	虞城县、夏邑县、 亳州、永城市	59	151
		大涧沟	尹楼至曹楼	夏邑县、永城市	51	166
		包河	张祠堂至鱼地以下	商丘县虞城、亳州、 永城市	144.2	78.5
	新汴河	沱河	朱楼西至阎桥下	商丘县、虞城县、 夏邑县、永城市	125.66	2 358
	沱河	毛河	李新集车站南至邓庄	虞城县、夏邑县	30	256
		歧河	郭集至前刘岗	虞城县、夏邑县、永城市	42.7	297
		宋沟	卜小集至包徐庄	夏邑县、永城市	41	125
		韩沟	欧阳楼至张桥闸		42.2	240
		小王引河	倪阁至黄水寨北	永城市	38.5	102
		虹龙沟	曹余庄至张河拉	虞城县、夏邑县、永城市	78	710
		王引河	顾口至汤庙	夏邑县、永城市	42.6	1 020
	虹龙沟	柳公河	孙门楼至沟头李楼	虞城县	35.7	100
	王引河	巴清河	罗口村至顾口闸	夏邑县	31.5	317
	巴清河	老洪河	将军庙至罗口闸	虞城县、夏邑县	28.5	146
	新睢河	洪碱河	种寨北至仲李庄	永城市	19.6	104

二、周口市

周口市位于豫东平原,属淮河流域,地处南北过渡地带,东南与安徽省阜阳市、亳州市相连,南与驻马店市相邻,西依漯河、许昌两市,北靠开封市和商丘市。古河道有颍水、蔡水、涡水、大濄水等,经历代黄淮冲积,已演变成淮河流域的沙颍河水系、涡惠河水系、茨淮新河水系、洪汝河水系。其中流域面积大于 100 km² 河流 71 条,100 ~ 1 000 km² 河流 58条,大于 1 000 km² 河流 13 条。沙颍河水系周口市境内面积 7 344 km²,占全区总面积的61.41%;涡河水系境内面积 2 803 km²,占全区总面积的23.44%;黑茨河面积 1 731 km²,占全区总面积的14.47%;洪汝河水系流域面积 81 km²(为 30 ~ 100 km² 小型沟河),占全区总面积的0.68%。各河呈西北东南流向,大致平行相间分布,多属季节性雨源型河流,汛期雨大、暴雨时河水猛涨,洪峰显著,水位、流量变化很大。主要河流在洪水期以河水补回地下水。

　　周口市流域面积 100 km² 以上的河流情况如表 1-2 所示。

表 1-2　周口市流域面积 100 km² 以上的河流情况

河流	河源	河口	流经区、市、县	河长 （km）	流域面积 （km²）
沙颍河	鲁山县 尧山镇 西竹园	安徽省颍上县 杨湖镇沫口村	平顶山市湛河区、叶县、襄城县、 舞阳县，漯河市郾城区、漯河市源汇区、 漯河市召陵区、西华县、商水县、周口市 川汇区、淮阳县、项城市、沈丘县，安徽省 界首市、太和县、阜阳市颍泉区、 阜阳市颍州区、阜阳市颍东区	613	36 660.1
颍河	登封市君 召乡县林场	周口市川汇区 城南办事处 后王营村	禹州市、襄城县、许昌县、临颍县、 漯河市郾城区、西华县、鄢陵县	264	7 223.4
柳塔河	漯河郾城区 龙城镇 大李庄村	西华县 址坊镇西赵	漯河市郾城区、西华县	19	180.00
清潩河	新郑市辛店镇 凤后岭村	鄢陵县陶城乡 赵庄村	长葛市、许昌市魏都区、 许昌县、临颍县、西华县	120	2 137.0
五里河	临颍县固厢乡 新赵村	鄢陵县陶城乡 阎庄村	临颍县、西华县、 鄢陵县	26	123.20
鸡爪沟	临颍县台 陈镇安庄村	鄢陵县陶城乡 明理村	临颍县、西华县、鄢陵县	36	277.10
北马沟	临颍县台陈镇 临涯张村	西华县黄泛区 农场九分场	临颍县、西华县	25	100.20
清流河	长葛市老城镇 粮斗桑村	西华县西夏亭 镇奉仙寺	长葛市、许昌县、临颍县、 鄢陵县、西华县	79	1 485.9
大狼沟	长葛市董村镇 李河口村西	鄢陵县南坞乡 周桥村	长葛市、鄢陵县、扶沟县	69	504.80
幸福沟	扶沟县城郊乡 前谢村	鄢陵县南坞乡 刘贾村	扶沟县、鄢陵县	22	126.60
丰收河	扶沟县柴岗乡 位寨村	西华县艾岗乡 侯桥村	扶沟县、西华县	18	131.20
重建沟	西华县西夏亭 镇庄铺	西华县李大庄乡 冯桥村	西华县	19	110.60
贾鲁河	新密市袁庄乡 山顶村	周口市川汇区 南郊乡市区	郑州市二七区、郑州市中原区、郑州市 惠济区、郑州市金水区、中牟县、开封县、 尉氏县、鄢陵县、扶沟县、西华县	264	6 137.1
康沟河	尉氏县庄头乡 二家张村	扶沟县曹里乡 县林场	尉氏县、鄢陵县、扶沟县	43	631.00

续表 1-2

河流	河源	河口	流经区、市、县	河长（km）	流域面积（km²）
双洎河	新密市米村镇巩密关村	扶沟县曹里乡摆渡口村	新郑市、长葛市、尉氏县、鄢陵县	202	1 917.7
新运河	太康县板桥镇兵马张村	淮阳县许湾乡田庄村	太康县、西华县、周口市川汇区、淮阳县	59	1 365.8
黄水沟	扶沟县包屯镇雁仓村	淮阳县曹河乡朱庄村	扶沟县、太康县、西华县、淮阳县	51	329.80
清水沟	扶沟县白潭镇白潭村	周口市川汇区搬口办事处毛寨村	扶沟县、西华县、淮阳县、周口市川汇区	80	493.70
流沙河	西华县皮营乡天理村	淮阳县许湾乡叶庄村	西华县、周口市川汇区、淮阳县	29	194.50
洼冲沟	西华县皮营乡楼陈	周口市川汇区搬口办事处王祖庙村	西华县、周口市川汇区	31	112.90
朱集沟	淮阳县新站镇染坊庄村	淮阳县豆门乡三合庄村	淮阳县	21	109.70
谷河	商水县城关乡中兴寨村	项城市郑郭镇后师寨	商水县、周口市川汇区、项城市	64	492.80
运粮河	周口市川汇区太昊路办事处杨井沿	项城市南顿镇南顿村	周口川汇区、商水县、项城市	31	120.00
西蔡河	淮阳县冯塘乡于刘寨村	沈丘县槐店回族镇镇区	淮阳县、沈丘县	33	171.30
新蔡河	淮阳县齐老乡林寺营村	沈丘县新安集镇贾楼村	淮阳县、郸城县、沈丘县	87	982.80
狼牙沟	淮阳县安岭镇张庄村	淮阳县大连乡磨旗店村	淮阳县	28	140.10
黄水冲	淮阳县冯塘乡杨庄村	郸城县宜路镇王康楼村	淮阳县、沈丘县、郸城县	25	139.30
老蔡河	沈丘县白集镇王岗村	沈丘县北杨集乡王郝庄村	沈丘县	26	200.50
母猪沟	沈丘县白集镇田营村	沈丘县新安集镇安庄村	沈丘县	19	111.50
孔沟	沈丘县石槽集乡北程营村	沈丘县纸店镇卢寨村	沈丘县	18	101.90
常胜沟	郸城县石槽镇刘庄村	安徽省界首市西城办事处西城城区	郸城县、沈丘县，安徽界首市	30	150.60
泉河	漯河市召陵区翟庄办事处龙塘村	安徽省颍州区中市街道办事处三里湾	商水县、项城市、沈丘县,安徽省临泉县、界首市、阜阳市颍泉区	223	5 205.8
新枯河	漯河市召陵区姬石乡陈庄村	商水县张庄乡后张坡村	漯河市召陵区、商水县	42	320.40
黄碱沟	漯河市召陵区老窝镇前李村	商水县谭庄镇侯庄村	漯河市召陵区、商水县	18	107.10

续表 1-2

河流	河源	河口	流经区、市、县	河长（km）	流域面积（km²）
老枯河	商水县邓城镇前史村	商水县龙王庙村	商水县	21	122.30
青龙沟	上蔡县华陂镇华北村	商水县姚集乡赵黄庄村	上蔡县、商水县	35	302.80
界沟河	上蔡县朱里镇周庄	商水县固墙镇魏庄村	上蔡县、商水县	20	140.90
苇沟	商水县固墙镇叶庄村	商水县魏集镇营子村	商水县	13	115.30
曹河	商水县魏集镇陈楼村	项城市官会镇郑楼村	商水县、项城市	29	146.20
泥河	漯河市召陵区后谢乡小寨杨村	沈丘县老城镇晏庄村	漯河市召陵区、西平县、上蔡县、项城市、沈丘县	122	993.60
北新河	项城市孙店镇祁桥村	沈丘县李老庄乡木庄村	项城市、沈丘县	29	110.70
茨河	太康县园艺厂	安徽省阜阳市颍泉区周棚街道办事处茨河	淮阳县、鹿邑县、郸城县，安徽省太和县	189	2 979.0
李贯河	太康县板桥镇王公府村	郸城县吴台镇于洼	太康县、淮阳县、鹿邑县、郸城县	67	528.80
老黑河	淮阳县齐老乡林寺营村	郸城县李楼乡吴楼	淮阳县、郸城县	40	133.40
晋沟河	太康县马厂镇卢庄村	郸城县汲水乡左集村	太康县、柘城县、鹿邑县、郸城县	59	190.30
二龙沟	郸城县宁平镇牛庄村	安徽省太和县清浅镇云寨村	郸城县、安徽省太和县	23	156.30
西洺河	淮阳县葛店乡大王村	安徽省太和县清浅镇张庄村	淮阳县、郸城县，安徽省太和县	54	190.10
北八丈河	郸城县石槽镇余庄村	安徽省太和县双庙镇豆庙村	郸城县，安徽省界首市、太和县	35	372.90
皇姑河	郸城县汲冢镇邢营村	安徽省太和县双庙镇郭寨村	郸城县，安徽省界首市、太和县	50	200.70
涡河	开封市金明区杏花营农场马寨村	安徽省怀远县城关镇涡河	开封县、尉氏县、通许县、扶沟县、杞县、太康县、柘城县、鹿邑县，安徽省亳州市谯城区、涡阳、蒙城县	411	15 861.7
涡河故道	开封市鼓楼区仙人庄街道北梁坟村	杞县官庄乡王乐亭村	开封市鼓楼区、开封县、通许县、杞县、太康县	72	548.20
大堰沟	杞县官庄乡官庄村	太康县城郊乡高庄村	杞县、太康县	31	295.90

续表1-2

河流	河源	河口	流经区、市、县	河长（km）	流域面积（km²）
小白河	杞县沙沃乡白寨村	太康县高贤乡高西村	杞县、太康县	31	125.80
老涡河	尉氏县永兴镇陈村	太康县马厂镇大施村	尉氏县、扶沟县、太康县	78	658.60
尉扶河	尉氏县张市镇尹庄村	太康县清集乡黄岗村	尉氏县、扶沟县、太康县	57	274.30
兰河	太康县常营镇常南村	太康县马厂镇武庄村	太康县	38	148.00
大新沟	杞县板木乡张仙庄村	太康县马厂镇后陈村	杞县、太康县	42	325.40
铁底河	开封县半坡店乡杨庄村	太康县朱口镇谢桥村	开封县、通许县、杞县、太康县	102	639.40
小温河	杞县付集镇陆庄村	太康县杨庙乡王湾村	杞县、睢县、太康县	32	107.60
惠济河	开封市金明区杏花营农场西网村	安徽省亳州市谯城区牛集镇大王村	开封市鼓楼区、开封市禹王台区、开封县、杞县、睢县、柘城县、鹿邑县	191	4 429.2
蒋河	杞县葛岗镇楚寨东村	柘城县张桥乡大魏	杞县、睢县、太康县、柘城县	91	748.40
小洪河	太康县马头镇马庄村	柘城县陈青集镇砖桥	太康县、柘城县、鹿邑县	42	135.80
太平沟	宁陵县刘楼乡郑庙村	鹿邑县贾滩镇柿园	宁陵县、商丘市睢阳区、柘城县、鹿邑县	62	334.80
大沙河	民权县城关镇李庄村	安徽省亳州市谯城区花戏楼办事处桑园社区	睢县、宁陵县、商丘市睢阳区、鹿邑县	123	1 813.3
洮河	宁陵县阳驿乡郭杨范村	安徽省亳州市谯城区魏岗镇大陈村	商丘市睢阳区、柘城县、鹿邑县	76	337.90
赵王河	鹿邑县玄武镇关庄村	安徽省亳州市谯城区城父镇百尺河村	鹿邑县,安徽省亳州市谯城区	83	960.20
八里河	鹿邑县玄武镇李古同	鹿邑县王皮溜镇张寨	鹿邑县	35	167.80
急三道河	鹿邑县真源办事处	安徽省亳州市谯城区赵桥乡王寨村	鹿邑县,安徽省亳州市谯城区	34	162.50
油河	太康县张集镇温良村	安徽省亳州市谯城区城父镇工元村	柘城县、鹿邑县、郸城县	128	1 088.0
洪河	鹿邑县张店镇赵庄	郸城县张完集乡幸福村	鹿邑县、郸城县	34	132.80
洺河	郸城县白马镇张胖店	安徽省亳州市谯城区大杨镇聂关村	郸城县、安徽省太和县、亳州市谯城区	40	295.80

三、开封市

开封市境内流域面积大于 100 km² 的河流有 25 条,流域面积大于 500 km² 的河流有 11 条。总属淮河流域,分属沙颍河水系、涡河水系、南四湖水系和黄河水系。各河呈西北东南流向,大致平行相间分布,多属季节性雨源型河流,汛期雨大、暴雨时河水猛涨,洪峰显著,水位、流量变化很大。

开封市流域面积 100 km² 以上河流调查情况如表 1-3 所示。

表 1-3　开封市流域面积 100 km² 以上河流调查情况

水系	河流		起止地点	流经县、市	长度（km）	流域面积（km²）
	注入河流	名称				
沙颍河	贾鲁河	康沟河	二张家至湖庙		27	582
	康沟河	杜公河	三赵至水台村	尉氏县	24.8	231.6
		南康沟河	芦家至冯村		29.6	130.8
	贾鲁河	北康沟河	黄集至七里头		31.1	161.8
涡河	淮河	涡河	郭厂至邸阁	开封县、通许	72.6	1 052.1
	涡河	运粮河	万庄至四合庄	开封县、开封市	53.3	214.1
		惠贾渠	小城	通许县	25.5	136.8
		百邸沟	李寨至王庄	尉氏县、通许县	31.6	258.2
		孙城河	夏寨至万庄	通许县	36.3	142.0
		惠济河	济梁闸	开封市、开封县、杞县	51	1 265
		铁底河	群力闸至谢桥	开封县、杞县	57.1	691.9
		尉扶河	营张至杜柏	尉氏县	21.0	15.72
		涡河故道	小城至邢楼村	通许县	37.8	573.0
	涡河故道	小清河	老庄至柏王	开封县、杞县、通许县	43.3	242.0
		标台沟	邸阁至宗寨	通许县、杞县	17.8	106.0
		上惠贾渠	吴村至小城	开封县、通许县	18.5	112.8
		马家沟	潘堂至小城		28.1	104.2
	惠济河	小蒋河	林庄至县界	杞县	25.2	158.0
		淤泥河	开封县弯堤杞县唐寨	开封县、杞县	44.7	618.2
		马家河	杏花营农场北	开封市、开封县	14.7	133.6
	淤泥河	圈章河	扫街至杏行	开封县、杞县	25.9	143.7
		杜庄河	兰考至付李庄	兰考县、杞县	24.5	158.6
南四湖	东鱼河南支	黄蔡河	韩陵至县界		36.8	510
	黄蔡河	四明河	四朋堂至罗寨	兰考县	33.0	141.9
	东鱼河南支	贺李河	白楼至县界		38.0	240.7

四、濮阳市

濮阳市境内共有河流 97 条,多为中小河流,分属黄河、海河两大流域。除黄河外,主要过境河流有金堤河、卫河、马颊河、潴龙河、徒骇河、天然文岩渠等。以北金堤为界,以南为黄河流域,以北为海河流域,流域面积分别占全市总面积的 53.3%、46.7%,传统上分为黄河滩区、引黄灌区和金堤以北引黄补源区。流经市城区的主要河渠有马颊河、老马颊河、濮水河、第三濮清南干渠、潴龙河、顺城河等,构成"五纵五横"的城市水系。"五纵"为马颊河、老马颊河、濮上河、第三濮清南干渠、潴龙河。"五横"为顺河沟、沿卫都路的引黄调节水库沟通第三濮清南干渠和马颊河的排洪沟、濮水河、引潴入马河沟、韩庄沟。

濮阳市流域面积 50 km² 以上河流情况如表 1-4 所示。

表 1-4　濮阳市流域面积 50 km² 以上河流情况

汇入河流	河流名称	河流长度（km）	流域面积（km²）	流经区、县
卫河	志节沟	47	242	内黄县、清丰县
马颊河	潴龙河	55	760	河南省濮阳市主城区、清丰县、南乐县
	引潴入马	19	86.8	河南省濮阳县、濮阳市主城区
	固城沟	24	100	河南省濮阳市主城区、清丰县
	古城沟	15	54.3	河南省清丰县
	十干排水沟	16	55.4	河南省清丰县、南乐县
	西西沟	12	58.2	河南省清丰县、南乐县
徒骇河	土塔沟	13	55.5	河南省清丰县、山东省莘县
	理直沟	27	168	河南省清丰县、南乐县
	永顺沟	27	168	河南省南乐县
金堤河	三里店沟	26	74.5	河南省濮阳县
	水屯沟	36	125	河南省濮阳县
	胡状沟	24	96.8	河南省濮阳县
	青碱沟	34	163	河南省濮阳县
	濮城干沟	17	92.4	河南省范县
	梁庙沟	32	160	河南省台前县
	白岭沟	15	55.5	河南省台前县
	回木沟	36	193	河南省长垣县、滑县、濮阳县
	五星沟	31	183	河南省濮阳县
	杜固沟	47	284	河南省濮阳县
	房刘庄沟	32	103	河南省濮阳县
	孟楼河	41	376	河南省范县

濮阳市境内流域面积 50 km² 以上中小河流 22 条,30~50 km² 沟河 19 条,分属海河流域和黄河流域。海河流域属平原河网区,河道纵横交错,受人为工程影响较大;黄河流域

各河呈西南东北流向,大致平行相间分布;多属季节性雨源型河流,汛期雨大、暴雨时河水猛涨,洪峰显著,中、低水时水位、流量关系紊乱。主要河流在洪水期以河水补回地下水。

第四节　水文站网

一、商丘市

商丘市现有商丘、永城、柘城水文测区 3 处,基本水文站 7 处,中小河流水文巡测站 11 处,水位站 5 处,雨量自动监测站 148 处,见表 1-5、图 1-1。

水位观测主要采用人工与自记相结合的方式进行,流量测验以流速仪、ADCP 测验方法为主,巡测辅以电波流速仪;雨量已实现了观测的自动化。

表 1-5　商丘市水文站网名录

序号	站类	站名	河名	地址
1	水文测区	商丘水文测报中心		商丘市梁园区
2		永城水文局		河南省永城市欧亚路北端文化路西侧
3		柘城水文局		河南省商丘市柘城华景二路商业街
4	水文站	砖桥闸	惠济河	河南省柘城县陈青集乡砖桥村
5		睢县(二)	通惠渠	河南省睢县城郊乡马头村
6		黄口集闸	浍河	河南省永城市黄口乡黄口村
7		孙庄	包河	河南省商丘市梁园区周庄乡孙庄
8		永城闸	沱河	河南省永城市城镇乡张桥村
9		李集	毛河	河南省夏邑县李集乡司庄
10		段胡同	李集沟	河南省夏邑县李集乡段胡同村
11	巡测站	杨大庄	东沙河	商丘市开发区平台镇杨大庄
12		郑阁水库	黄河故道	梁园区李庄乡郑阁水库
13		柘城	废黄河	柘城县城关镇北门村
14		唐楼	太平沟	柘城县胡襄乡唐楼村
15		李黑楼闸	王引河	永城市芒山镇李黑楼村
16		马桥	包河	永城市马桥镇马北村
17		包公庙闸	大沙河	梁园区包公庙乡包公庙村
18		夏邑	沱河	夏邑县何营乡孟大桥村
19		张仙庙	小堤河	民权县褚庙乡张仙庙村
20		宁陵	上清水河	宁陵县城关镇贾庄
21		大张庄	古宋河	商丘市梁园区水池铺乡大张庄

二、周口市

周口市现有周口水文测报中心、鹿邑水文局、太康水文局、沈丘水文局水文测区 4 处,管辖基本水文站 10 处,中小河流水文巡测站 14 处,水位站 3 处,遥测雨量站 124 处,省界断面监测站点 3 处,见表 1-6、图 1-2。

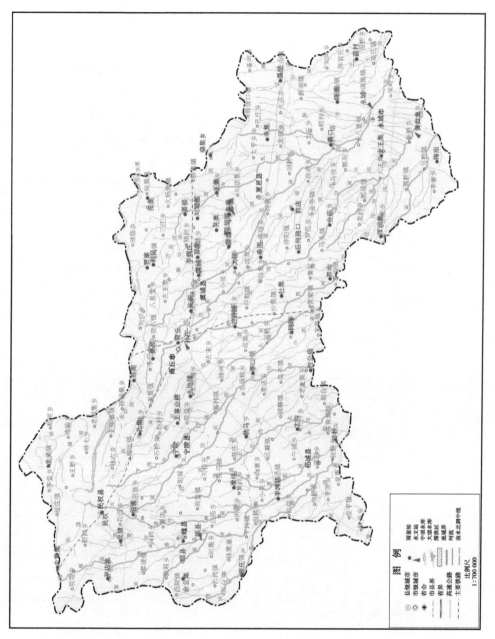

图 1-1　商丘市水文站网分布

表 1-6　周口市水文站网名录

站类	站名	河流	地址
水文测区	周口水文测报中心		河南省周口市川汇区滨河东路
	鹿邑水文局		河南省鹿邑县城关镇博德路中段江南名府院内
	太康水文局		河南省太康县毛庄镇未来路与支农路交叉口南 200 m 路西
	沈丘水文局		河南省沈丘县槐店镇
水文站	周口(二)	颍河	河南省周口市川汇区滨河东路
	周庄	汾河	河南省商水县袁老乡周庄村
	黄桥	颍河	河南省西华县黄桥乡黄桥村
	周堂桥	黑河	河南省郸城县城郊乡周堂桥村
	钱店	新蔡河	河南省郸城县钱店镇钱店村
	玄武	涡河	河南省鹿邑县玄武镇操庄村
	扶沟	贾鲁河	河南省扶沟县城关镇
	沈丘	泉河	河南省沈丘县城关镇李坟村
	槐店	颍河	河南省沈丘县槐店镇
	石桥口	泥河	河南省项城市贾岭镇石桥口闸
巡测站	叶庄	流沙河	周口市东新区许湾乡叶庄村
	冷庄	清水河	淮阳县曹河乡冷庄村
	艾岗	清流河	西华县艾岗乡艾岗村
	址坊	颍河	西华县址坊镇叶桥村
	沙沟	鸡爪沟	西华县逍遥镇沙沟村
	付桥	涡河	鹿邑县涡北镇丁亮村
	尚桥	白沟河	鹿邑县王皮溜镇尚桥村
	棉集	清水河	郸城县张完集乡棉集村
	李楼	李贯河	郸城县李楼乡马庄村
	武庄	老涡河	太康县马厂镇武庄村
	李屯	铁底河	太康县马厂镇后李屯村
	芝麻洼	涡河	太康县芝麻洼乡王桥村
	师寨	新蔡河	项城市郑郭镇师寨村
	新安集	谷河	沈丘县新安集镇徐庄村
水位站	大路李	沙颍河	商水县郝岗乡大路李村
	周口(颍河闸上)	沙颍河	周口市川汇区贾鲁河闸上
	周口(贾鲁河闸上)	贾鲁河	周口市川汇区颍河闸上
省界断面	孙店	大沙河	鹿邑县枣集镇孙店村
	杨桥	西洺河	郸城县双楼乡杨楼村
	杜桥	洮河	鹿邑县枣集镇杜桥村

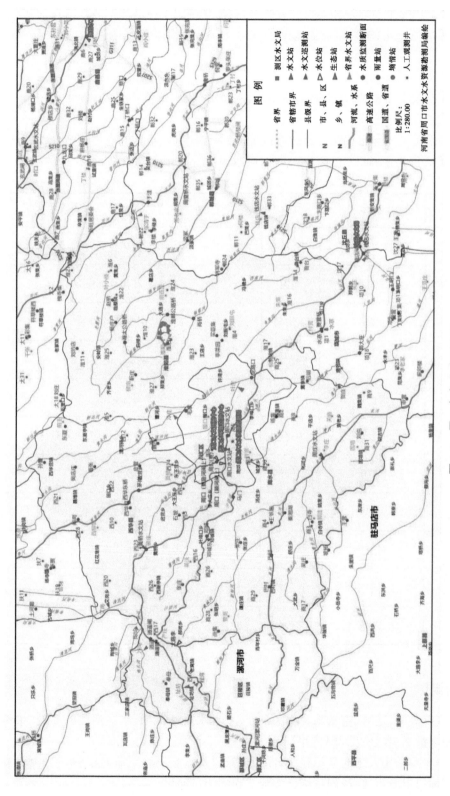

图 1-2 周口市水文站网分布

水位观测采用人工与自记相结合的方式进行,流量测验实行驻测巡测相结合,以流速仪、ADCP 测验方法为主,辅以电波流速仪法,降水量全部采用自动监测。

三、开封市

开封市现有水文站 3 处,水文巡测站 5 处,水位站 3 处,遥测雨量站 80 处,见表 1-7、图 1-3。

水位观测采用人工与自记相结合的方式进行,流量测验实行驻测巡测相结合,以流速仪、ADCP 测验方法为主,辅以电波流速仪法,降水量全部采用自动监测。

表 1-7　开封市水文站网名录

序号	站类	站名	河名	地址
1	水文站	大王庙	惠济河	杞县裴村店乡周岗
2		邸阁	涡河	通许县邸阁乡郝庄
3		西黄庄	康沟河	尉氏县南曹乡西黄庄
4	巡测站	南庄	黄蔡河	兰考县南彰乡南庄村
5		朱仙镇	运粮河	开封县朱仙镇
6		大魏店	小蒋河	杞县邢口乡大魏店村
7		柿园	淤泥河	杞县柿园乡大郭寨村
8		宗寨	涡河故道	杞县官庄乡宗寨村
9	巡测水位站	周庄寨	贺李河	兰考县许河乡周庄寨村东
10		前李闸	百邸沟	通许县大岗李乡前李闸下
11		娥赵	淤泥河	开封县八里湾乡娥赵桥下游

四、濮阳市

濮阳市现有濮阳、范县、南乐水文测区 3 处,基本水文站 4 处,水文巡测站 8 处,水位站 1 处,遥测雨量站 48 处,表 1-8、图 1-4。

水位观测主要采用人工与自记相结合的方式进行,流量测验以流速仪、ADCP 测验方法为主,巡测辅以电波流速仪;雨量均已实现了观测的自动化。

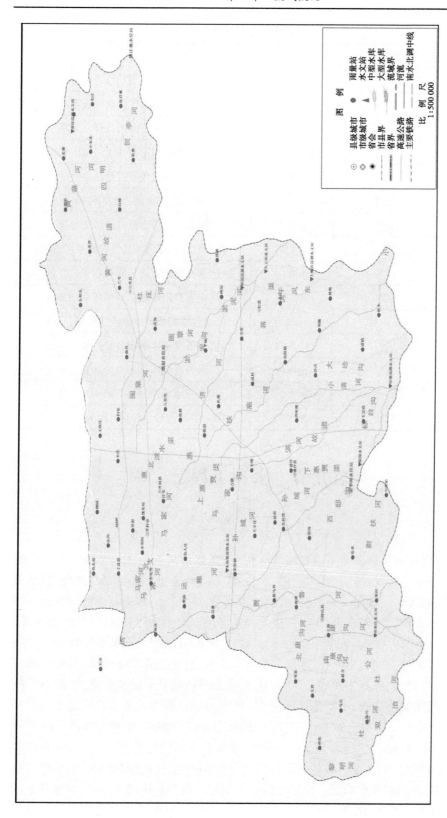

图 1-3　开封市站网分布

表 1-8　濮阳市水文站网名录

序号	站类	站名	河名	地址
1	水文测区	濮阳水文测报中心		河南省濮阳市濮阳县城关镇南堤村
2		范县水文局		河南省濮阳市范县新区板桥路
3		南乐水文局		河南省濮阳市南乐县开元北路
4	水文站	濮阳	金堤河、马颊河	河南省濮阳市濮阳县城关镇南堤村
5		南乐	马颊河	河南省濮阳市南乐县谷金楼乡后平邑村
6		元村	卫河	河南省濮阳市南乐县元村镇元村
7		范县	金堤河	河南省濮阳市范县新区文化街
8	巡测站	东吉七	潴龙河	河南省濮阳市南乐县近德固乡东吉七
9		良善	永顺沟	河南省濮阳市南乐县千口乡良善村
10		刘寨	徒骇河	河南省濮阳市南乐县福堪乡刘寨村
11		马庄桥	马颊河	河南省濮阳市清丰县马庄桥镇马庄桥
12		渠村	天然文岩渠	河南省濮阳市濮阳县渠村乡王辛庄
13		大韩	金堤河	河南省濮阳市濮阳县子岸乡岳新庄
14		石楼	孟楼河	河南省濮阳市范县高码头乡石楼村
15		贾垓	金堤河	河南省濮阳市台前县打渔陈乡何庄村

第五节　水利工程

一、商丘市

砖桥闸位于涡河水系惠济河下游柘城县砖桥村,是惠济河上的主要节制工程。控制流域面积 3 435 km²,设计标准为 20 年一遇,水位 43.62 m,流量 1 200 m³/s,校核标准为 50 年一遇,水位 44.04 m,流量 1 320 m³/s,设计蓄水位 43.50 m,相应蓄水量 500 万 m³,设计灌溉面积 16 万亩。工程于 1979 年建成并投入运用。水闸采用开敞式结构,共 6 孔,孔宽 10 m,水闸总宽 69.0 m。安装 10 m×6 m 和 10 m×3.8 m 上、下扇平板钢闸门,共 6 套 12 门,配备 2×25 t 启闭机 12 台。水闸总长 221.1 m,上游连接段长 65 m,其中干砌石长 20 m,浆砌石长 15 m,混凝土护底长 30 m;闸室段为钢筋混凝土反拱底板,长 22 m。侧拱空箱岸墙,闸墩为浆砌条石;下游连接段长 134.1 m,其中,消力池为钢筋混凝土结构长 30.3 m,护坦长 53.8 m,混凝土护底长 25.0 m,其余为浆砌石护底,干砌石海漫及防冲槽长 50.0 m。两岸为浆砌石框格翼墙。交通桥标准为汽 – 10 级,桥宽 8.0 m,桥面高程 45.00 m。水闸建成后,由柘城县砖桥闸管理所负责管理运用,其运用原则为:汛期限制水位 42.50 m 运用,非汛期蓄水灌溉。控制断面以上主要接纳开封市以及睢县、柘城县生活污水和工业废污水。砖桥闸库容曲线如图 1-5 所示。全区现有设计流量在 100 m³/s 以上

图 1-4 濮阳市水文站点分布

的中型拦河闸 35 座,设计流量在 100 m³/s 以下的小型拦河闸 84 座,分水闸 26 座。

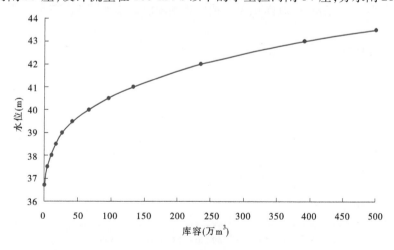

图 1-5 砖桥闸库容曲线

永城闸位于洪泽湖水系沱河下游永城市张桥村,是沱河上的主要节制工程。控制流域面积 2 237 km²,设计标准为 20 年一遇,水位 32.20 m,流量 555 m³/s,校核标准为 50 年一遇,水位 33.29 m,流量 623 m³/s,设计蓄水位 32.50 m,相应蓄水量 630 万 m³。工程于

1979 年 8 月建成并投入运用。水闸采用开敞式结构,共 16 孔,孔宽 4.9 m。水闸建成后,由永城市张桥闸管理所负责管理运用,其运用原则为:汛期限制水位 30.30 m 运用,非汛期蓄水灌溉。控制断面以上主要接纳虞城县、夏邑县、永城市生活污水和工业废污水。永城闸库容曲线如图 1-6 所示。

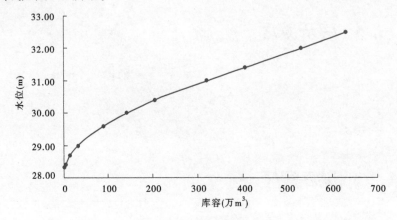

图 1-6　永城闸库容曲线

黄口集闸位于洪泽湖水系浍河下游永城市黄口集,是浍河上的主要节制工程。控制流域面积 1 210 km²,设计标准为 20 年一遇,水位 30.48 m,流量 410 m³/s,校核标准为 50 年一遇,水位 31.42 m,流量 666 m³/s,设计蓄水位 30.00 m,相应蓄水量 676 万 m³。工程于 1970 年 12 月建成并投入运用。水闸采用开敞式结构,共 12 孔,孔宽 5.0 m。水闸建成后,由永城市黄口集闸管理所负责管理运用,其运用原则为:汛期限制水位 28.98 m 运用,非汛期蓄水灌溉。控制断面以上主要接纳梁园区东部、虞城、夏邑、永城 10 余个乡镇,区间有和顺闸调蓄,河流长,灌溉面积大。黄口集闸库容曲线如图 1-7 所示。

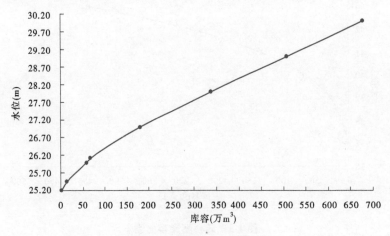

图 1-7　黄口集闸库容曲线

商丘市拦河闸基本情况如表 1-9 所示。

表 1-9　商丘市拦河闸基本情况表

序号	河名	所在县(市)、区	闸名	控制流域面积 (km²)	孔数	孔宽 (m)	设计 水位 (m)	设计 流量 (m³/s)	校核 水位 (m)	校核 流量 (m³/s)	底板高程 (m)	附近地面高程 (m)	汛期限制水位 (m)
1	惠济河	睢县	板桥	1 582	11	6	56.37	443	57.48	669	52.00	57.50	55.00
2			夏楼	2 130	12	6	53.75	545	54.865	812	49.00	54.50	52.00
3		柘城县	李滩店	2 417	16	5	49.05	582	49.991	863	44.25	50.00	47.48
4			砖桥	3 435	6	10	43.62	1 200	44.04	1 320	33.50	45.10	42.50
5	沱河	夏邑县	金黄邓	606	12	4	38.63	338	39.64	376	34.84	39.50	37.00
6			张板桥	1 460	14	5	35.10	440	36.20	600	31.20	36.50	34.00
7		永城市	张桥	2 237	16	4.9	32.20	555	33.29	624	27.45	32.80	30.30
8		虞城县	丰楼闸	100	4	5	45.95	105	46.42	156	42.79	46.9	44.30
9			汤楼闸	206.4	6	5	42.67	148	43.67	217	40.17	44.20	41.64
10			宁陈庄	110	4	5	47.60	90	49.16	155	44.70	48.30	47.00
11	包河	梁园区	周家路口	153.2	4	5	45.90	125	47.29	206	42.70	46.40	45.00
12		虞城县	王楼	185.5	5	5	44.51	124	45.225	213	41.20	46.50	44.00
13			焦楼	403	7	5	39.83	213	40.91	303	35.83	40.40	38.00
14		永城市	裴桥	607	7	5	32.53	263	34.03	436	28.23	33.60	30.53
15			耿庄	674.5	9	5	31.22	299	32.62	454	26.69	32.60	30.00

续表 1-9

序号	河名	所在县(市)、区	闸名	控制流域面积 (km²)	孔数	孔宽 (m)	设计 水位 (m)	设计 流 量 (m³/s)	校核 水位 (m)	校核 流量 (m³/s)	底板高程 (m)	附近地面高程 (m)	汛期限制水位 (m)
16	王引河	夏邑县	杨楼	206	6	5	41.47	102	42.69	200	38.25	42.00	40.00
17		夏邑县	黑李庄	269	7	5	39.85	122	41.10	236	36.40	40.50	38.50
18		永城市	芒山	890	12	5	36.04	255	37.55	484	32.14	37.00	34.50
19		虞城县	姜楼	394	8	5.5	42.97	254	44.00	287	39.50	43.40	41.00
20	虬龙沟	夏邑县	黄庄	475	10	5	41.13	199	42.38	355	37.60	42.70	40.20
21		宁陵县	黄楼	540	6	9	38.32	310	39.49	350	34.53	39.60	37.00
22		宁陵县	解洼	240	5	5	53.70	112	54.09	156	50.50	54.70	52.50
23		宁陵县	凤凰桥闸	280	6	4.7	50.6	126	51.2	165	47.8	50.4	50.30
24	大沙河	睢阳区	包公庙	1 246	18	5	43.34	524	44.03	615	39.00	44.80	42.30
25		睢阳区	李老家闸	324	5	5	48.37	139	48.76	236	45.07	49.1	47.94
26		永城市	和顺	868	12	5	32.07	328	32.57	538	27.87	32.80	30.57
27	浍河	永城市	黄口集	1 210	12	5	30.48	410	31.42	666	25.20	32.00	28.98
28		宁陵县	鲁庄	291	5	5	47.41	128	47.60	184	43.15	48.10	45.60
29	古宋河	睢阳区	董瓦房闸	184	5	3.5	48.30	93	49.27	160	45.1	49.1	47.90
30		宁陵县	赵村集闸	230	7	3	52.30	108	53	152	49.2	51.8	52.00

续表1-9

序号	河名	所在县(市)、区	闸名	控制流域面积(km²)	孔数	孔宽(m)	设计		校核		底板高程(m)	附近地面高程(m)	汛期限制水位(m)
							水位(m)	流量(m³/s)	水位(m)	流量(m³/s)			
31	东沙河	夏邑县	业庙	332.5	6	5	37.44	193	38.55	289	34.04	37.73	35.94
32		永城市	王大楼	394	7	4.7	32.98	213	34.28	381	29.58	34.08	31.48
33		虞城县	张阁	175	7	5	41.66	175	42.65	236	39.16	43.15	40.66
34			马桥	145.3	4	5	44.03	105	45.03	156	41.03	44.83	42.53
35	废黄河	柘城县	朱寨	210	6	5	47.04	104	48.13	195	44.00	49.00	46.50
36			郭口	294	4	5	45.20	154	46.15	246	41.7	46.2	44.50
37	毛河	夏邑县	张庄	227	4	5	40.39	118	41.35	193	36.70	41.0	39.40
38	清水河	睢阳区	前黎楼	261	4	5	48.18	123	49.34	213	44.48	49.1	47.90
39	蒋河	柘城县	伯岗	506	9	5	48.96	190	49.84	308	45.46	50.48	47.50
40		睢县	草庙王	218	10	3	54.40	121	54.7	198	51.4	54.9	54.50
41	太平沟	柘城县	李岱	245	6	4	42.14	183	42.64	241	38.6	43.3	41.00
42	小堤河		唐庄	254	7	3	61.18	250	61.68	310	58.38	61.8	61.18
43		民权县	张仙庙	197.5	8	3	62.00	210	62.5	256	59.4	62.9	62.00
44	通惠渠		闸口	227	7	3	57.56	178	58.06	220	54.76	55.4	57.56

各大中型拦河闸的设计蓄水量约 2 亿 m³,设计灌溉面积 110 万亩。

二、周口市

全区现有设计流量在 100 m³/s 以上的中型拦河闸 57 座,设计流量在 100 m³/s 以下的小型拦河闸 3 座,周口市拦河闸基本情况如表 1-10 所示。

周口闸位于沙河中游,周口市西郊,颍河、贾鲁河入沙河口之间。控制流域面积 19 948 km²,设计流量 3 200 m³/s,校核水位 50.68 m。设计蓄水位 47.00 m,相应蓄水 3 060 万 m³,设计灌溉面积 35 万亩,提供城市用水 4 000 万 m³。深孔闸,共 10 孔,宽 6.0 m,浅孔闸共 14 孔,孔宽 6.0 m,周口闸库容曲线如图 1-8 所示。

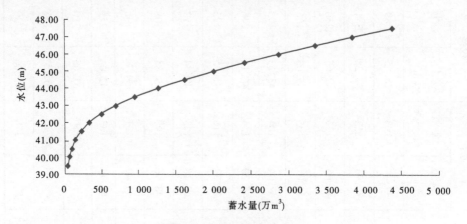

图 1-8　周口闸库容曲线

贾鲁河周口闸位于周口市北郊。控制流域面积 5 895 km²。设计标准为 5 年一遇,水位 48.73 m,流量 600 m³/s,校核标准为 20 年一遇,水位 50.73 m,流量 1 200 m³/s,设计蓄水位 47.00 m,相应蓄水量 380 万 m³,设计灌溉面积 20.0 万亩。共 8 孔,孔宽 6.0 m,闸身总宽 56.4 m。水闸总长 161.3 m,贾鲁河周口闸库容曲线如图 1-9 所示。

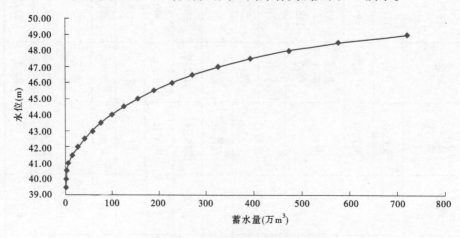

图 1-9　贾鲁河周口闸库容曲线

表 1-10　周口市拦河闸基本情况

序号	河名	闸名	所在市、县、区	孔数	孔宽(m)	底板高程(m)	设计		校核		闸门形式	启闭机形式	建成时间(年)
							洪水位(m)	过闸流量(m³/s)	洪水位(m)	过闸流量(m³/s)			
1	颍河	逍遥	西华县	10	5	46.9	52.53	670	54.88	1 105	双曲闸门		1971
2		黄桥	西华县	16	6	44	53	1 540	53.18	2 200	平板门	卷扬式	1980
3		周口	川汇区	14	6	45.16	50.39	3 000	50.68	3 200	平板钢闸门	固定式卷扬机	1975
4		槐店	沈丘县	18	6	36	40.88	3 200	41.37	3 500	平板钢闸门	卷扬式	1971
5		雷堂	淮阳县	3	5	37.7	41.8	151	41.5	151	平板门	手电两用螺杆	1979
6		三合庄	淮阳县	6	4	37.4	42.7	144	—	—	钢框格平板门	手电两用卷扬机	1971
7		师寨	项城市	10	4	34.5	38.7	214	—	—	反向双曲薄壳门		1971
8	清流河	海岗	扶沟县	12	3	47	51.15	151	—	—		卷扬式启闭机	1971
9		跃进河	扶沟县	4	4	46	50.55	107	—	—	平板门	螺杆式	1979
10		高集	扶沟县	9	3	60.35	62.99	400	—	—			1959
11		摆渡口	扶沟县	13	3	58	59.9	500	—	—	平板门	手电两用螺杆式启闭机	1960
12	贾鲁河	北关	西华县	17	3	55	57.6	500	—	—			1996
13		闫岗	西华县	9	5	51.12	54.67	275	55.56	—	钢筋混凝土双曲薄壳门	卷扬式	1994
14		贾鲁河周口	川汇区	8	6	40.1	48.73	600	50.73	1 200		固定式卷扬机	1975

续表 1-10

序号	河名	闸名	所在市、县、区	孔数	孔宽 (m)	底板高程 (m)	设计 洪水位 (m)	设计 过闸流量 (m³/s)	校核 洪水位 (m)	校核 过闸流量 (m³/s)	闸门形式	启闭机形式	建成时间 (年)
15		龙路口	淮阴县	11	5	41.7	45.2	488	—	—	双曲薄壳门	电动卷扬直升式	1972
16		宋双闸	淮阴县	23	3	40.5	45.5	654	—	—		手摇、电动两用螺杆式	1958
17	新运河	汴岗		8	3	50.3	53.7	130	—	—		螺杆式	1971
18		常岗	西华县	7	3	54.45	57.25	120	—	—	平板门	手电两用螺杆启闭机	1961
19		芦楼		8	4	54.39	55.93	124.6	—	—			1991
20		王普化		6	3	44.3	50.3	232	—	—		螺杆式	1992
21		王庄		7	3	48.15	52.15	160	—	—			1975
22	清水河	清河驿	西华县	6	6	44.34	48.94	190	—	—	平板门	螺杆式	1977
23		齐庄闸	淮阴县	9	4	38	43.28	216	—	—	平板门	手摇螺杆式	1972
24		豆庄闸	郸城县	6	5	35.1	39.7	162	—	—	弧形门	卷扬式	1974
25	新蔡河	三里		6	4	33.7	39.5	285	—	—		螺杆式	1966
26		北杨集	沈丘县	9	4	33.28	37.2	196	—	—	平板门	电动卷扬直升式	1970
27		张桥		5	3	31.5	39.29	111	—	—		机带螺杆	1967

续表 1-10

序号	河名	闸名	所在市、县、区	孔数	孔宽(m)	底板高程(m)	设计		校核		闸门形式	启闭机形式	建成时间(年)
							洪水位(m)	过闸流量(m³/s)	洪水位(m)	过闸流量(m³/s)			
28	汾河	汾河周庄闸	商水县	8	6	37.01	42.57	878	—	—	平板门		1985
29		雷坡闸	项城市	8	5	39.86	45.36	686	—	—		卷扬式	1990
30		娄堤闸	项城市	6	10	32.99	38.89	580	—	—	弧形门		1978
31	汾泉河	李坟闸	沈丘县	14	6	28.62	35.52	955	—	—	钢筋混凝土平板门		1975
32		郑楼闸	项城市	9	3	34	37.4	108	—	—	平板门	手摇螺杆式	1971
33		李赵庄闸	项城市	4	3	33.9	39.9	143	—	—			1971
34	泥河	乔口闸	项城市	10	4.3	34.15	38.95	330	—	—	平板门	液压启闭机	1975
35		于洼张闸	郸城县	6	6	39.58	43.11	493	—	—			1993
36		侯桥闸	郸城县	8	6	32.43	39.2	613	—	—		卷扬式	1990
37		连堂闸	郸城县	7	6	34.29	41.42	540	—	—			1993
38		梁张庄闸	郸城县	5	4	35.34	40.41	188	—	—	平板门		1993
39	黑茨河	杨楼闸	郸城县	6	4	33.2	38.47	214	—	—		螺杆启闭机	1977
40		代集拦河闸	淮阳县	4	3.5	39.5	44.49	222	44.49	222		手摇、电动两用螺杆式	1978
41		黄路口闸	郸城县	2	4	40.21	45.53	260.6	—	—		手摇螺杆式	1990
42		观音寺闸	郸城县	7	4	36	40.2	166	—	—			1969
43		丁桥闸	鹿邑县	5	4	—	42.37	136	44.68	237		螺杆启闭机	2001

续表 1-10

序号	河名	闸名	所在市、县、区	孔数	孔宽 (m)	底板高程 (m)	设计 洪水位 (m)	设计 过闸流量 (m³/s)	校核 洪水位 (m)	校核 过闸流量 (m³/s)	闸门形式	启闭机形式	建成时间 (年)
44	涡河	吴庄闸	太康县	11	5	48.8	53	650	—	—	平板门	卷扬式	1975
45		魏湾拦河闸	太康县	10	5	44.5	49.5	749	—	—			1972
46		玄武闸	鹿邑县	12	5	39.5	46.45	942	46.67	1 067			1972
47		付桥闸	扶沟县	8	8	30	39.5	1 350	41.93	1 710		电动翻转式	1981
48		常庄闸		6	4	55.43	59.3	150	—	—		手摇、电动两用螺杆式	1976
49		水饭店闸		5	4	53.65	57.55	126.4	—	—		手摇螺杆、翻板式	2000
50		丁庄拦河闸	太康县	6	5.2	46.4	49	324	—	—	翻板门	手摇电动两用卷扬式	1970
51		黄口拦河闸		6	5	48.8	53	179.2	—	—	钢筋混凝土正向双曲扁壳门		1976
52		任庄闸		5	3.5	45.47	49.37	175	—	—	梁式平板门	手摇、电动两用卷扬式	1993
53	铁底河	东风拦河闸	太康县	6	4	44.9	49.2	420	—	—	平板门	卷扬式	1979
54	惠济河	东孙营闸	鹿邑县	11	6	29.5	39.95	1 295	40.6	1 443	双曲薄壳门	卷扬式	1977
55	赵王沟	李楼闸		9	4	34.5	37	100	38.8	336	平板门	螺杆启闭机	1973
56	油河	赵楼闸	郸城县	4	5	34	39.1	232	—	—		卷扬式	1971
57		袁桥闸		8	3.5	32.5	37.82	380	—	—		螺杆启闭机	1972

黄桥闸位于西华县颖河下游黄桥村,上距逍遥闸 22 km,下距周口沙河闸 27 km,是颖河干流的重要节制工程,控制流域面积 6 997 km²。设计闸上水位 53.00 m,流量 1 540 m³/s,校核标准 20 年一遇水位 53.18 m,流量 2 200 m³/s,设计蓄水位 49.00 m,相应蓄水量 1 280 万 m³,设计灌溉面积 20.0 万亩。水闸共 16 孔,孔 2 宽 6.0 m,闸身总宽 111.0 m。运用原则为:汛期闸门吊起,非汛期蓄水灌溉,黄桥闸库容曲线如图 1-10 所示。

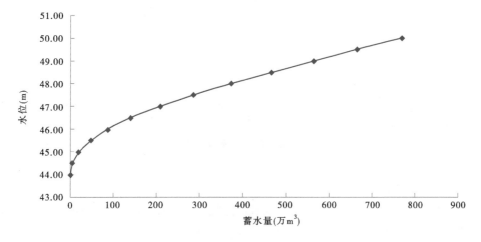

图 1-10　黄桥闸库容曲线

槐店闸位于沙河中游沈丘县槐店镇,包括浅孔闸、深孔闸、船闸,是沙河干流的重要节制工程。控制流域面积 2 850 km²。深孔、浅孔两闸的设计流量为 3 200 m³/s,水位 40.88 m;校核流量为 3 500 m³/s,水位 41.37 m,设计蓄水位 39.00 m,相应蓄水量 4 000 万 m³,设计灌溉面积 47.0 万亩。浅孔闸闸门共 18 孔,孔宽 6.0 m。深孔闸闸门共 5 孔,孔宽 10.0 m。其运用原则为:汛期闸门吊起迎汛,非汛期蓄水灌溉。1990 年深孔闸下游右岸护坡加固延长 230.0 m。目前管理情况良好,槐店闸库容曲线如图 1-11 所示。

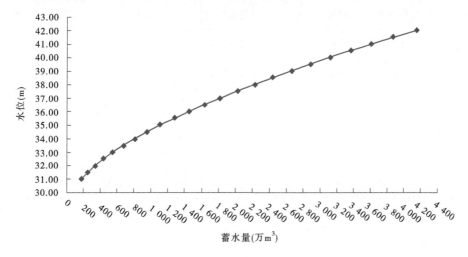

图 1-11　槐店闸库容曲线

李坟闸库容曲线如图 1-12 所示。

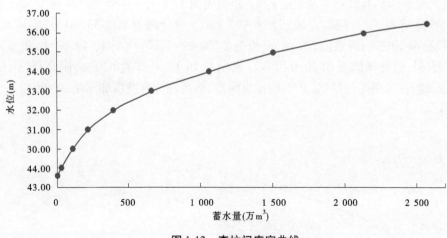

图 1-12　李坟闸库容曲线

三、开封市

开封市共有大中型水闸 19 座,主要调查河道拦河闸 7 座,功能是农业灌溉,调节城市退水及调节引黄水量。

开封市主要拦河闸基本情况如表 1-11 所示。

表 1-11　开封市主要拦河闸基本情况

闸名	位置	运行日期 (年-月)	水系	河流	孔数	孔口 尺寸 (m)	设计 过水量 (m³)	灌溉 面积 (万亩)
裴庄闸	通许县竖岗乡	1977-06		涡河	4	4×4	282	22.3
塔湾闸	通许县历庄乡	1992-08		涡河故道	5	4.5×4	248	20.5
中营闸	杞县板木乡	2016-04		铁底河	5	4.5×4	247	3
大岑寨闸	杞县邢口镇	2016-04	涡河	小蒋河	4	6×4	137	
罗寨闸	杞县平城乡	1960-01		惠济河	8	2.7×3.5	325	35
					5	4×3.6		
李岗闸	杞县裴村店乡	1990-10			10	6×4	606	15.5
李家滩闸	兰考县南彰镇	1964-11	运河	黄蔡河	10	3×4.5	157	5.3

四、濮阳市

濮阳市境内现有拦河闸 9 座、防洪闸 2 座、分洪闸 2 座、引水闸 8 座、回灌闸 1 座。濮阳市主要河道重要防洪闸基本情况如表 1-12 所示。

表 1-12　濮阳市主要河道重要防洪闸基本情况

基准高程：黄海

河道	闸名	所在地点	主要用途	建设时间(年)	孔数	闸孔尺寸(m) 高	闸孔尺寸(m) 宽	底板高程(m)	闸门顶高程(m)	启闭设备能力 启闭机结构方式	台数	启闭力(t/台)	设计过水能力 标准	上游水位(m)	流量(m³/s)	闸门结构形式
黄河	渠村分洪闸	濮阳县渠村乡	分洪	1978	56	4.5	12	58.75	66.2	电动卷扬	112	80	10 000		66.75	开敞式钢闸门
金堤河	柳屯豆河闸	濮阳县柳屯镇	引黄灌溉	1991	13	2.7	6	44.6	47.6	双吊点卷扬	9	15/45	5	48.63	455	升卧式钢闸门
金堤河	濮城干沟防洪闸	范县王楼镇	防洪除涝	1998	3	2.85	3.5	43.6	46.6	手电两用螺杆	3	12	5	46.1	45	混凝土闸门
金堤河	总干排防洪闸	范县城关镇	防洪除涝	1998	3	2.85	3.5	42.7	45.7	手电两用螺杆	3	12	5	45.16	45	混凝土闸门
金堤河	金堤回灌闸	濮阳县城关镇	回灌	1979	3	2.5	2.5	46.62	49.22	手电两用螺杆	3	12	5	50.12	30	平面铸铁闸门
马颊河	马呼拦河闸	华龙区马呼村	灌溉除涝	2002	6	3.2	3	46.14	49.34	手电两用螺杆	6	20	5	49.05	66	平面铸铁闸门
马颊河	里商拦河闸	华龙区北里商村	灌溉除涝	2012	6	3.3	3.6	45.05	48.35	手电两用螺杆	6	20	5	48.05	120	混凝土闸门
马颊河	马庄桥拦河闸	清丰县马庄桥镇	灌溉除涝	1991	5	3.7	4.7	44.9	48.6	双吊点卷扬	5	16	5	48.6	109	混凝土闸门
马颊河	高庄拦河闸	清丰县高庄村	灌溉除涝	1979	10	4	3	44	48	手电两用螺杆	10	20	5	47.7	149	平面铸铁闸门
马颊河	大流拦河闸	清丰县大流乡	灌溉除涝	2012	10	4.4	3.6	42.74	46.34	手电两用螺杆	10	12	61雨型	46.88	172	平面铸铁闸门
马颊河	吉七拦河闸	南乐县近德固乡	防洪除涝	2013	9	4.9	4.7	42.1	47	手电两用螺杆	9	16	61雨型	47.7	172	
马颊河	平邑拦河闸	南乐县合楼乡	灌溉除涝	2014	12	4	4.9	41	45	手电两用螺杆	12	16	61雨型	45.8	227	
卫河	硝河闸	清丰县阳邵乡	防洪	1980	8	4	3	44.5	48.5	手电两用螺杆	8	15	3	48.6	102	钢筋混凝土平板
卫河	志节闸	清丰县阳邵乡	防洪	1979	6	4	4	43.5	47.5		7	15	61雨型	47.7	115	
卫河	邵庄闸	南乐县梁村乡	防洪	1983	4	3.5	3.5	42.5	46.5		4	10	5	46.5	42.6	
徒骇河	大清拦河闸	南乐县千口镇	灌溉除涝	1981	10	3.5	3	37.3	40.8	手电两用螺杆	10	15	61雨型	40.8	237	球形钢丝网

第二章　暴雨调查和分析

第一节　暴雨特性分析

一、暴雨过程

河南省"8·18"暴雨自 8 月 17 日 3 时开始至 8 月 19 日 22 时全省降雨结束,历时 67 个小时。根据影响的天气系统,本次降雨过程大致可以分为两个阶段:第一阶段为 8 月 17 日 3 时至 8 月 18 日 3 时,该阶段降雨主要是受台风"温比亚"外围云系形成;第二阶段为 8 月 18 日 3 时至 8 月 19 日 22 时,该阶段降雨主要是台风"温比亚"进入河南省形成的。

（一）第一阶段降雨

2018 年 8 月 17 日 3 时至 8 月 18 日 3 时,河南省信阳市商城县出现大到暴雨,局部大暴雨。高强度降雨主要集中在淮河上游支流史灌河流域。

8 月 17 日 3 时史灌河流域开始降雨,暴雨中心在信阳市新县、商城、固始县一带,降雨比较集中,雨带呈东西向分布在淮南山区史灌河流域一带,18 日 3 时左右,降雨基本结束。过程最大点雨量为余子店雨量站 245 mm。

（二）第二阶段降雨

2018 年 8 月 18 日 3 时至 8 月 19 日 22 时,降雨范围和强度较第一阶段大,河南省商丘、周口、开封、濮阳市出现大范围暴雨到大暴雨,局部特大暴雨的强降雨天气过程,涡河、浍河、沱河上游是本阶段的暴雨中心。

18 日 3 时暴雨区进入河南省商丘市永城市,随后,雨区逐渐向西北扩散并加强;18 日 7 时暴雨区进一步扩大到商丘、周口南部、开封西部,强度进一步增强,商丘市睢县、开封市杞县局部出现 250 mm 以上的特大暴雨;18 日 20 时降雨强度逐渐减弱,主雨区移出商丘市北移进入濮阳市并向东北方向移动,至 19 日 22 时,降雨区移出河南。

过程累积最大点雨量商丘市睢阳区火胡庄雨量站 491 mm、睢县一刀刘雨量站 456.5 mm、宁陵县唐洼雨量站 453.5 mm,开封市杞县板木雨量站 445 mm,商丘市夏邑县骆集雨量站 404.5 mm,濮阳市台前县吴坝雨量站 226.5 mm。

如 8 月 17 日 3 时至 8 月 19 日 22 时等雨量面(见图 2-1)所示,17 日 3 时至 18 日 3 时暴雨首先出现在河南省信阳市东南部淮河干流上游史灌河区域,暴雨中心位于商城县南部。随着台风中心进入河南省继续移动(见图 2-2),18 日雨区逐渐向北移动到淮河支流颍河、涡河、沱河、浍河以及黄河支流金堤河区域,暴雨中心主要位于商丘市、周口市、开封市、濮阳市。

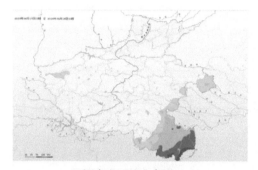

(a)河南省雨情分布图

2018年8月17日0时至2018年8月18日3时

(b)河南省雨情分布图

2018年8月18日0时至2018年8月18日8时

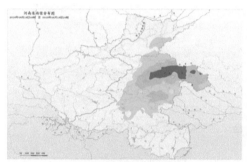

(c)河南省雨情分布图

2018年8月18日8时至2018年8月18日20时

(d)河南省雨情分布图

2018年8月18日20时至2018年8月19日2时

(e)河南省雨情分布图

2018年8月19日2时至2018年8月19日8时

(f)河南省雨情分布图

2018年8月19日8时至2018年8月19日22时

图2-1 河南省2018年8月17日3时至8月19日22时等雨量面 （单位:mm）

二、雨区分布

本次全省各市均有降雨,主要降雨分布在京广线以东的商丘市、周口市、开封市、濮阳市及信阳市东南部。

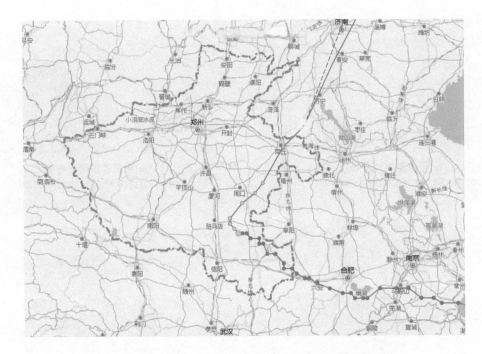

图 2-2　2018 年 8 月 18 日"温比亚"台风在河南省境内移动路线

三、暴雨笼罩面积

全省降雨量大于 400 mm 的笼罩面积 396 km², 降雨量大于 300 mm 的笼罩面积 5 476 km², 降雨量大于 200 mm 的笼罩面积 18 600 km², 降雨量大于 100 mm 的笼罩面积 51 500 km²。

四、暴雨强度

最大 1 h 降雨量:商丘市睢阳区水务局雨量站 104 mm。最大 6 h 降雨量:商丘市睢县一刀刘雨量站 243 mm、宁陵县唐洼雨量站 233.5 mm, 商丘市睢县闫庄雨量站 225.5 mm。最大 24 h 降雨量:商丘市睢阳区火胡庄雨量站 439.5 mm、宁陵县唐洼雨量站 437.5 mm、睢县一刀刘雨量站 425 mm, 开封市杞县板木雨量站 424 mm。

五、时程分配

本次降雨历时较长,时程分布集中。河南省"8·18"暴雨中心代表站逐时雨量如表 2-1 所示。

商丘市、周口市、开封市、濮阳市暴雨区主要雨量站时程分布分别如图 2-3 ~ 图 2-6 所示。

表2-1　河南省"8·18"暴雨中心代表站逐时雨量

（单位：mm）

时间			商丘			开封						周口						濮阳	
月	日	时	一刀刘	水务局	火朗庄	唐洼	板木	傅集	郾陶	于镇	大王庙	柳河	铁佛寺	芝麻洼	考主岗	上官村	孔村	吴坝	李管桥
8	18	1		1	1.5	0.5								1					1
		2				0.5	1.5		1				0.5						2
		3	0.5		0.5	0.5			0.5			0.5			0.5				1
		4		2			1.5			0.5			0.5	1.5			3.5	0.5	
		5		5.5	2.5	4										3	4	3	4
		6	6	15	8	6	4	2	3	1.5		4.5	3		3	7	1		3
		7	8.5	20	26	20	5	7	5.5	6		5	6	2.5	8	0.5	3		2
		8	19	33.5	44.5	20.5	13.5	5.5	5.5	4.5	5	23.5	11	4	8	4	4.5		1.5
		9	19.5	104	39	32	27.5	20.5	21.5	16.5	4	28	23.5	7.5	24	1.5	2	1.5	2
		10	30	40.5	41.5	14.5	14.5	24	19.5	15	7.5	21	10	15.5	16	3.5	1	4	5
		11	15.5	8.5	17	14	31	29.5	29	23	28.5	11.5	14	6	12.5	2	4	8.5	4
		12	23.5	8.5	22.5	28.5	29	32	32.5	24.5	21.5	11.5	8.5	15.5	12	1	3	2	8.5
		13	43	8.5	19	30.5	29	18.5	12.5	17.5	25	30	24	22	18	3	8	3.5	9.5
		14	34	16.5	25	58	29.5	8.5	13	11.5	15	39.5	45.5	24	35.5	4.5	13.5	0.5	6
		15	40.5	39.5	45	42.5	32.5	11.5	13	13	6.5	21	32.5	49	29.5	10	20.5		3
		16	47.5	18	54.5	43.5	25.5	19	20	16.5	7.5	19	27	23.5	25.5	7.5	2	3.5	5.5
		17	23	18	19	22	39.5	17	29	15	17.5	14	19	24	22.5	14	2.5	0.5	10
		18	54	7.5	29	37	24	22.5	12	22.5	29	10.5	11	10.5	7	2	4	1	8
		19	5	8	17.5	4	25.5	16.5	5.5	18.5	20.5	9.5	13.5	13.5	16.5	2.5	6.5	7	3
		20	2	6.5	11.5	8	34.5	6	2	2.5	14.5	3	6	23.5	11	2.5	4.5	3	2.5
		21	10.5	1.5	7	12.5	5.5	5	3	2.5	13.5	5	3	3	3	9	3.5	0.5	2.5
		22	3	2	2.5	5	4	7	2.5	5.5	2.5	8.5	3.5	2	2.5	2.5	2		7
		23	6	1.5	5	5	5	3.5		2.5	5	7	5.5	4	3	5	4.5		5
		24			1.5		6			2.5	2.5	6.5	7.5	4	9	1.5			

续表 2-1

时间			商丘				开封					周口				濮阳			
月	日	时	一刀刘	水务局	火胡庄	唐洼	板木	傅集	郎陶	干镇	大王庙	柳河	铁佛寺	芝麻洼	考主岗	上官村	孔村	吴坝	李管桥
8	19	1	12	1	0.5	7.5	13	4	6	8	3	17.5	11	8.5	13.5	7.5	4	1.5	13
		2	11.5			2	14	9	7.5	6.5	7.5	27	27.5	19.5	11	4.5	10.5	1.5	12.5
		3	5				16.5	14.5	14	15	5.5	5.5	16	9	4	5.5	11.5	1.5	13.5
		4	1		0.5		9	9.5	8.5	8.5	2		9	0.5	3.5	14.5	17	3	23
		5	0.5	1.5	2	2.5	3		2.5	5.5	1.5	1	2	6	13.5	18	21.5	2.5	14.5
		6	4	5	1.5	22	6.5	0.5	2.5	2.5	0.5	2	1.5	8.5	4	29.5	16	4.5	15.5
		7	5.5	5.5	4.5	1	7	1.5	1.5	5	2	3	5	4	3	14.5	17.5	9.5	6.5
		8	8	4	6.5	2	8	4	1	7.5	5	2.5	5.5	2.5	3.5	15.5	0.5	10	1.5
		9	2	5	11.5		1	7	3.5	4	4	1		1.5	1.5	1	2.5	34	5.5
		10	1	4.5	4	2	1	0.5	4	1.5	4	4.5	3.5	1.5	0.5	2.5	11.5	18.5	2
		11	3.5	2	2.5	2.5	3	0.5	2.5	0.5	7.5	2.5	0.5	0.5	1.5	5	1.5	18.5	2.5
		12	1.5	2	2	0.5	1.5	1.5	4	0.5	1.5		0.5	1	0.5	2	4.5	43	1.5
		13	0.5	0.5	0.5		0.5	1	0.5		1.5	0.5				3.5	2.5	19	1.5
		14	1				2	1			0.5				3	3.5	3	13.5	3
		15							0.5			2.5			3	3.5	2	0.5	3
		16		0.5	3				0.5	0.5		10.5	0.5		1	1	2	1.5	0.5
		17	5.5		2						3.5	2.5					0.5	2	
		18	2.5			1					0.5	1.5						0.5	
		19	0.5	0.5	8.5	0.5						1	0.5			0.5			
		20	3.5	3.5	1											0.5		2	
		21			0.5											0.5		3	
		22																1	
合计			456.5	401	491	453.5	445	310.5	289.5	284.5	271.5	364.5	358	319.5	334.5	220	226	226.5	215.5

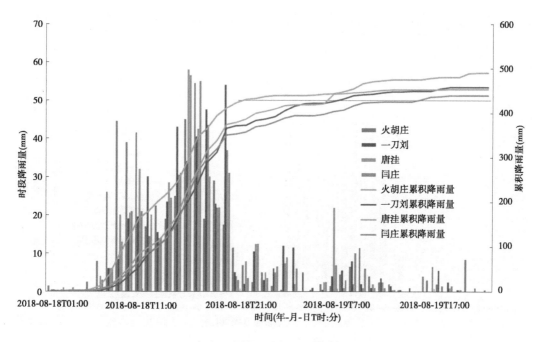

图 2-3　商丘市暴雨区主要雨量站时程分布

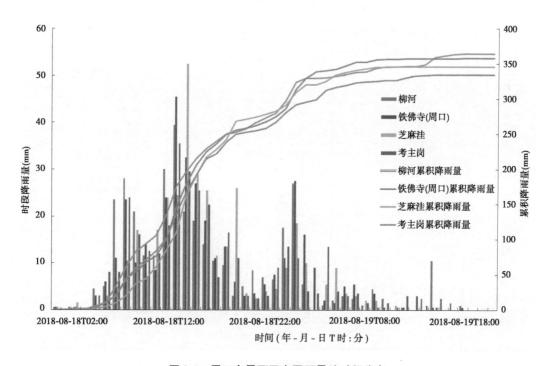

图 2-4　周口市暴雨区主要雨量站时程分布

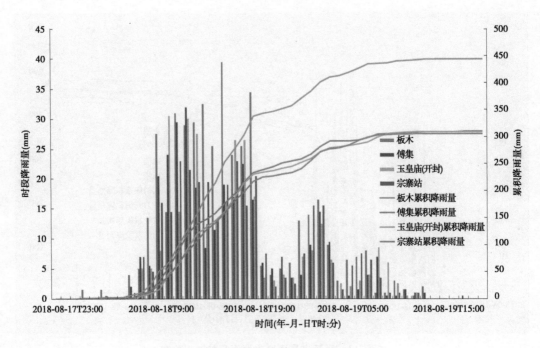

图 2-5　开封市暴雨区主要雨量站时程分布

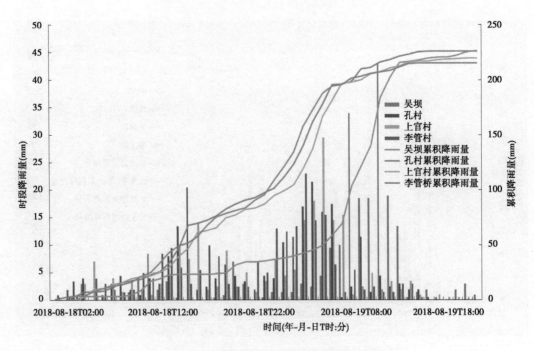

图 2-6　濮阳市暴雨区主要雨量站时程分布

第二节　暴雨成因分析

一、2018 年台风概述

2018 年 1 月至 8 月 20 日,西太平洋和南海共有 20 个台风生成,较常年同期平均(约 12.2 个)偏多六成以上,其中有 8 个台风登陆我国大陆,比常年同期平均(3.7 个)偏多 1 倍以上。

其中,7 月 22 日至 8 月 19 日共有 4 个台风(10 号"安比"、12 号"云雀"、14 号"摩羯"、18 号"温比亚")影响河南省。

(1)生成数和登陆数明显偏多。台风生成数和登陆我国大陆的个数分别较常年同期偏多7.8 个和4.3 个;其中,8 月 8 日至 17 日,10 天内接连有 7 个台风生成,3 个登陆我国大陆。

(2)台风登陆点偏北,沪浙地区异常偏多。有 4 个台风登陆上海、浙江,较常年在沪浙地区登陆的台风数(1 个)异常偏多,为 1949 年以来最多的年份。

(3)台风路径复杂多变。第 4 号台风"艾云尼"在华南沿海回旋打转,三次登陆华南,其中两次登陆广东、一次登陆海南;第 12 号台风"云雀"以"Ω"路径移动,继登陆日本后再登陆我国,并分别在日本南部海域和东海回旋打转两次;第 16 号台风"贝碧嘉"在广东西部近海回旋两圈,先后在海南琼海(热带低压)、广东阳江(热带低压)和雷州(热带风暴)三次登陆。受引导台风移动的气流偏弱,多台风之间的相互牵制作用影响,上述台风形成或近海打转徘徊、或曲折回转的复杂移动路径,极大地增加了预报预警的难度。

上海市成为首个 30 天内有 3 个台风正面登陆的城市。上海市的海岸线全长约 172 km,仅占到全国 1.8 万 km 海岸线的 0.9%。然而,就这 0.9% 的海岸线却在不到一个月内迎来了三个台风的正面"精准"登陆。上海市也成为我国有气象纪录以来首个 30 天内有 3 个台风正面登陆的城市。历史上,登陆上海之前都没有登陆过我国其他地方的台风数量仅 5 个,而过去一个月间就占到了其中的 3 个。10 号台风"安比"登陆上海市崇明区陈家镇东滩(2018 年 7 月 22 日 12 时 30 分);12 号台风"云雀"登陆上海市金山区(2018 年 8 月 3 日 10 时 30 分);18 号台风"温比亚"登陆上海市浦东新区南部(2018 年 8 月 17 日 4 时 5 分)

2018 年 6～8 月,西太平洋热带海洋表面维持偏暖状态,利于热带对流发展,加上夏季风偏强,导致本年台风生成个数偏多;同时,自 7 月中旬以来,主导台风移动路径的副高强度偏强、位置较常年同期显著偏北,其中 7 月底至 8 月初,副高西段脊线位置达到了北纬 40° 附近,较常年同期偏北 10°(约 1 000 余 km)。台风通常沿着副高南侧外围环流场移动,副高异常偏北,就造成本年的台风生成源地偏北、移动路径偏北,也是导致多个台风移向并登陆浙沪沿海的主要原因。另外,近一个月内台风生成较为集中,出现两次"三台共现"的现象,多台风活动使海面上大气能量分散,导致每个台风增强的条件受到限制,因此,本年台风强度总体偏弱。

二、"温比亚"特点

"温比亚"诞生于西南季风极其强盛、副高已经减弱的时候,有以下几个特点。

(1)路径奇特。西风槽对东侧副高打压,副高东退,逐渐远离台风"温比亚",而大陆高压逐渐南落接手这个台风,导致"温比亚"在东海先向北走了一截儿,然后突然拐弯平西甚至西南;而在"温比亚"登陆后,远比不上太平洋副高稳定的大陆高压迅速崩溃,"温比亚"在我国长江和淮河流域"迷路"滞留。

(2)水汽通道打开。"温比亚"诞生于全年西南季风最强时,且台风"贝碧嘉""摩羯""丽琵"相继消散,西南季风水汽主力全部归它。一般台风登陆后,由于下垫面摩擦增大、水汽输送减小等不利条件,导致台风强度急速衰减。而"温比亚"登陆后各方面条件都比较好,它与西风带系统结合,加上良好的季风水汽输送(见图 2-7),"温比亚"环流一直维持得比较好,在河南省境内完成了减速、停滞、拐弯转向的过程,然后顽强北上与冷空气结合,掀起了新一轮强降雨。

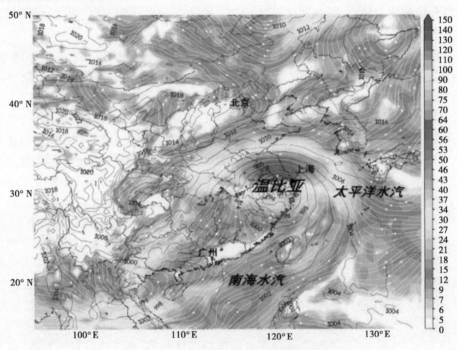

图 2-7　8 月 17 日大气场与卫星云图叠加

三、"温比亚"移动路径

18 号台风"温比亚"于 8 月 15 日 11 时在浙江省温州以东约 700 km 洋面上生成,17 日凌晨 4 时登陆上海浦东新区南部,强度为热带风暴。登陆后台风中心一路向西偏北方向移动,强度减弱缓慢,18 日 3 时台风中心由固始县进入河南省并向西北方向移动,中心气压约 988 hPa,中心风力 8 级(18 m/s),移动速度 13 km/h;18 日 12 时台风中心位于驻马店市正阳县,中心风力 8 级(18 m/s),移动速度 10 km/h,减弱为热带低压;18 日 20 时台风中心位于驻马店市汝南县,中心风力7级(16 m/s),移动速度8 km/h;19日5时台风中心位于驻马店市汝南县加速转向东北方向移动,中心风力7级(16 m/s),移动速度11 km/h;19日11时台风中心位于周口市项城市继续加速向东北方向移动,中心风力7级(16 m/s),移动速度17 km/h;19日17时台风中心位于周口市继续加速向东北方向移动,中心风力7级(16 m/s),移动速度35 km/h;19日20时台风中心位于山东单城并继续加速向东北方向移动,中心风力7级(16 m/s),移动速度40 km/h。台风中心自8月18日3时由固始县进入河南省,至19日17时由商丘市虞城县移出,共滞留38 h,途经河南省信阳市、驻马店市、周口市、商丘市。20日6时变性为温带气旋后从山东黄河口进入渤海湾,变性后的温带气旋强度于20日夜间在黄海北部海面进一步减弱,21日2时中央气象台对其停止编号,"温比亚"结束其132 h的生命史。

台风"温比亚"影响我国路径如图2-8所示。

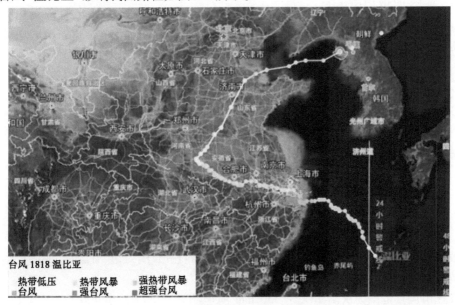

图 2-8 台风"温比亚"影响我国路径

四、"温比亚"影响特征

一是登陆点偏北、影响河南时间最晚。历史上对河南造成暴雨影响的台风登陆点主要集中在福建省、广东省、浙江省。根据统计,1970~2017年由台风造成河南区域大暴雨的个例共16例,在福建登陆的有12例,占75%;在浙江省中部到上海登陆的仅有3例,占18%。台风低压中心进入河南省并造成区域大暴雨的共有8例,其中影响较大的"75.8""82.8""96.8"等6例均是由福建省登陆进入河南省的。在这8例台风中,"温比亚"与"8913"号台风是登陆点最为偏北的。在历史上,直接进入河南省的台风大都在8月上旬前,"温比亚"也是时间最晚的。

二是低压中心强度最强。"温比亚"进入河南省时低压中心强度为988 hPa。台风低压中心进入河南省并造成区域大暴雨的8例台风中,"75.8""82.8""96.8"进入河南省时低压中心强度分别为995 hPa、996 hPa、998 hPa,"温比亚"是最强的1例。

三是移动路径特殊。从上海登陆的台风一般很少影响河南省,以前只有"8913"号台风西行深入到信阳市附近,其余均在江苏省东南部转向出海。"温比亚"台风则深入到河南省驻马店市汝南县然后才向东北方向移动。

四是移动缓慢、滞留时间长。台风登陆后一般移动速度达 20 ~ 30 km/h,而台风"温比亚"登陆时受东西向副热带高压底部偏东气流引导快速西行进入河南,随后副热带高压断裂东撤,台风低压处在大陆高压与副热带高压之间的鞍形场中,引导气流弱,移速减慢,"温比亚"自 8 月 17 日晚进入流域后移动速度不到 20 km/h,特别是进入河南淮滨县、新蔡县、汝阳县后 1 h 移动速度只有 5 km 左右,在河南省东南部、东部滞留时间达 38 h。

五是降雨强度大、位置特殊。以往台风引起的强降水中心一般位于山丘区或沿海,此次为淮北中北部的平原区域,年降水量(600 mm)较少的商丘地区为这次暴雨中心。

五、暴雨预报情况

15 日 12 时,河南省气象局提前三天提及关注"温比亚"的影响,并在后期的预报中不断升级降水量级。17 日和 18 日,连续发布台风"温比亚"将给河南省东部带来暴雨、大暴雨的"重要天气报告"。

气象局于 17 日下午进入应急响应状态,17 日晚升级为暴雨Ⅲ级应急响应,18 日上午再次升级为Ⅱ级,这是入汛以来第一次启动Ⅱ级应急响应。河南省气象局逐 3 h 滚动制作"台风温比亚影响快报"及时通报台风最新动向及影响。

第三节　暴雨调查

一、调查地点和范围

根据本次降雨强度及降雨过程,对主要降雨区商丘市、周口市、开封市、濮阳市划分不同的调查范围。

商丘市调查范围为次雨量大于 350 mm 的遥测站点 25 处,超 400 mm 火胡庄、一刀刘、唐洼、闫庄、郭子敬、骆集、睢县水务局 7 处,以及相邻遥测站点、在同一观测场的融雪雨量器、相邻气象站点等。站点主要分布在睢阳区、宁陵县、睢县。

周口市调查范围为 24 h 雨量大于 200 mm 及次雨量大于 250 mm 的各人工、遥测站及相邻的遥测站点,在同一观测场的融雪雨量器和相邻气象站点等。

开封市调查范围为 24 h 降水量大于 250 mm 的站点,包括板木、邸阁、玉皇庙、围镇、沙沃、傅集 6 处雨量站以及大魏店、宗寨 2 处巡测水文站。

濮阳市调查包括濮阳市及金堤河上游次雨量大于 150 mm 的站点,以及相邻遥测站点、在同一观测场的融雪雨量器。主要包括孔村、上官村、刘拐、于寨、吴坝、夹河站。

二、调查方法

本次调查现场以实地查勘为主,到调查范围内的遥测站点现场进行调查,查勘观测场地是否合乎要求,RTU 数据有无丢失,记录是否翔实可靠,同时对雨量计进行校测,看精度是否符合要求。绘制各站逐时雨强过程图和与邻近站雨量过程对比分析图进行雨量检查分析。

第四节 暴雨调查成果

一、商丘市分析复核成果

通过对次雨量超 350 mm 的站点进行实地调查,观测场地合乎要求,RTU 数据无丢失情况;各时段雷达图也与各站点的 1 h 雨强变化情况相吻合;与邻近站点对比,雨量变化趋势相同,雨强接近。以上分析复核结果表明,各站资料记录翔实可靠。

(一)场地复核

经过现场调查,7 站雨量计规范安装在房顶(见图 2-9~图 2-15),雨量计离开障碍物边缘的距离达到了至少为障碍物高度的 2 倍距离,保证降雨倾斜下降时,四周地形或物体不致影响降雨落入观测仪器内,符合规范要求,RTU 数据无丢包现象。

图 2-9 火胡庄站雨量计位置

图 2-10 一刀刘站雨量计位置

图 2-11 唐洼站雨量计位置

图 2-12 闫庄站雨量计位置

(二)逐时雨强

火胡庄站、一刀刘站、唐洼站、闫庄站、郭子敬站、骆集站、睢阳区水务局站 1 h 雨量统计分别如图 2-16~图 2-22 所示。各站的降水量摘录见表 2-2~表 2-8。

图 2-13　郭子敬站雨量计位置

图 2-14　骆集站雨量计位置

图 2-15　睢阳区水务局站
　　　　　雨量计位置

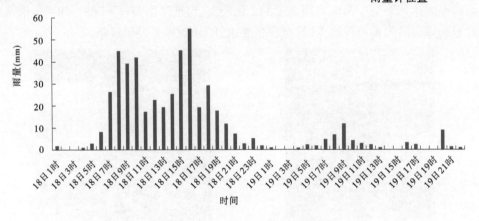

图 2-16　火胡庄站 1 h 雨量统计

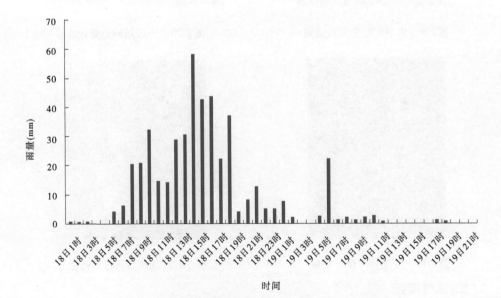

图 2-17　唐洼站 1 h 雨量统计

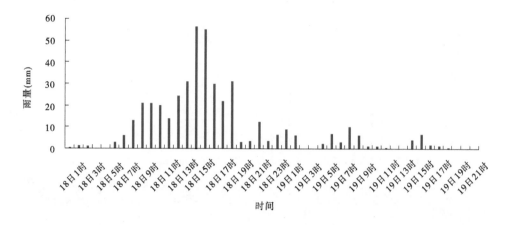

图 2-18　闫庄站 1 h 雨量统计

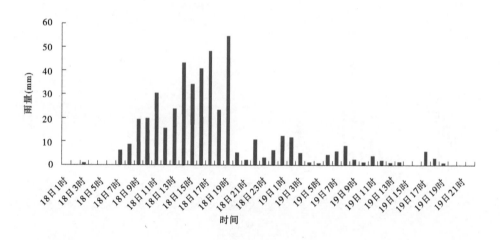

图 2-19　一刀刘站 1 h 雨量统计

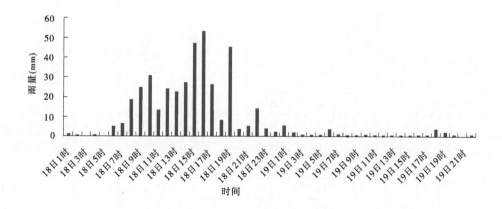

图 2-20　郭子敬站 1 h 雨量统计

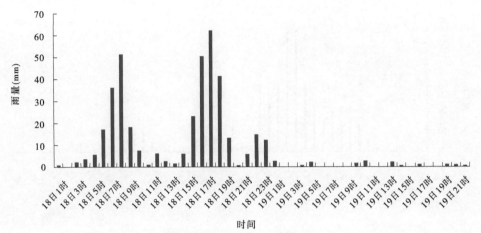

图 2-21　骆集站 1 h 雨量统计

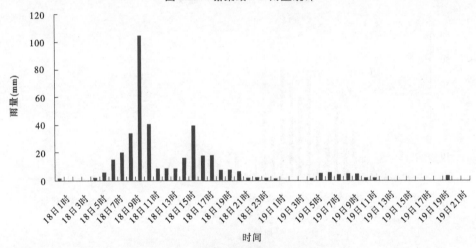

图 2-22　睢阳区水务局站 1 h 雨量统计

表 2-2　火胡庄站降水量摘录

月	日	时 起	止	降水量 (mm)	月	日	时 起	止	降水量 (mm)	月	日	时 起	止	降水量 (mm)	月	日	时 起	止	降水量 (mm)
8	17	16	17	0.5	8	18	11	12	22.5	8	18	21	22	2.5	8	19	9	10	4.0
	18	0	1	1.5			12	13	19.0			22	23	5.0			10	11	2.5
		3	4	0.5			13	14	25.0			23	24	1.5			11	12	2.0
		4	5	2.5			14	15	45.0		19	0	1	0.5			12	13	0.5
		5	6	8.0			15	16	54.5			3	4	0.5			15	16	3.0
		6	7	26.0			16	17	19.0			4	5	2.0			16	17	2.0
		7	8	44.5			17	18	29.0			5	6	1.5			19	20	8.5
		8	9	39.0			18	19	17.5			6	7	4.5			20	21	1.0
		9	10	41.5			19	20	11.5			7	8	6.5			21	22	0.5
		10	11	17.0			20	21	7.0			8	9	11.5					

表 2-3 一刀刘站降水量摘录

月	日	起	止	降水量（mm）	月	日	起	止	降水量（mm）	月	日	起	止	降水量（mm）	月	日	起	止	降水量（mm）
8	18	2	3	0.5	8	18	14	15	34.0	8	18	23	24	6.0	8	19	8	9	2.0
		6	7	6.0			15	16	40.5	19		0	1	12.0			9	10	1.0
		7	8	8.5			16	17	47.5			1	2	11.5			10	11	3.5
		8	9	19.0			17	18	23.0			2	3	5.0			11	12	1.5
		9	10	19.5			18	19	54.0			3	4	1.0			12	13	0.5
		10	11	30.0			19	20	5.0			4	5	0.5			13	14	1.0
		11	12	15.5			20	21	2.0			5	6	4.0			16	17	5.5
		12	13	23.5			21	22	10.5			6	7	5.5			17	18	2.5
		13	14	43.0			22	23	3.0			7	8	8.0			18	19	0.5

表 2-4 唐洼站降水量摘录

月	日	起	止	降水量（mm）	月	日	起	止	降水量（mm）	月	日	起	止	降水量（mm）	月	日	起	止	降水量（mm）
8	18	0	1	0.5	8	18	11	12	14.0	8	18	20	21	8.0	8	19	7	8	2.0
		1	2	0.5			12	13	28.5			21	22	12.5			8	9	1.0
		2	3	0.5			13	14	30.5			22	23	5.0			9	10	2.0
		5	6	4.0			14	15	58.0			23	24	5.0			10	11	2.5
		6	7	6.0			15	16	42.5	19		0	1	7.5			11	12	0.5
		7	8	20.0			16	17	43.5			1	2	2.0			17	18	1.0
		8	9	20.5			17	18	22.0			4	5	2.5			18	19	0.5
		9	10	32.0			18	19	37.0			5	6	22.0					
		10	11	14.5			19	20	4.0			6	7	1.0					

表 2-5　闫庄站降水量摘录

| 月 | 日 | 时 | | 降水量 | 月 | 日 | 时 | | 降水量 | 月 | 日 | 时 | | 降水量 | 月 | 日 | 时 | | 降水量 |
		起	止	（mm）			起	止	（mm）			起	止	（mm）			起	止	（mm）
8	18	0	1	0.5	8	18	12	13	24.5	8	18	22	23	3.5	8	19	10	11	1.0
		1	2	1.0			13	14	31.0			23	24	6.5			11	12	0.5
		2	3	1.0			14	15	56.5		19	0	1	9.0			14	15	4.0
		5	6	3.0			15	16	55.0			1	2	6.0			15	16	6.5
		6	7	6.0			16	17	30.0			4	5	2.5			16	17	1.5
		7	8	13.0			17	18	22.0			5	6	7.0			17	18	1.5
		8	9	21.0			18	19	31.0			6	7	3.0			18	19	0.5
		9	10	21.0			19	20	3.0			7	8	10.0					
		10	11	20.0			20	21	3.5			8	9	6.0					
		11	12	14.0			21	22	12.5			9	10	1.0					

表 2-6　郭子敬站降水量摘录

| 月 | 日 | 时 | | 降水量 | 月 | 日 | 时 | | 降水量 | 月 | 日 | 时 | | 降水量 | 月 | 日 | 时 | | 降水量 |
		起	止	（mm）			起	止	（mm）			起	止	（mm）			起	止	（mm）
8	18	0	1	1.0	8	18	13	14	27.0	8	19	0	1	5.5	8	19	11	12	0.5
		1	2	0.5			14	15	47.0			1	2	2.0			12	13	0.5
		3	4	0.5			15	16	53.0			2	3	1.0			13	14	0.5
		5	6	5.0			16	17	26.5			3	4	1.0			14	15	0.5
		6	7	6.5			17	18	8.5			4	5	1.0			15	16	0.5
		7	8	18.5			18	19	45.0			5	6	3.5			16	17	0.5
		8	9	25.0			19	20	3.5			6	7	1.0			17	18	3.5
		9	10	30.5			20	21	5.5			7	8	0.5			18	19	2.0
		10	11	13.5			21	22	14.0			8	9	0.5			19	20	0.5
		11	12	24.0			22	23	4.0			9	10	1.0			21	22	0.5
		12	13	22.5			23	24	2.5			10	11	0.5					

表2-7 骆集站降水量摘录

月	日	时起	时止	降水量（mm）	月	日	时起	时止	降水量（mm）	月	日	时起	时止	降水量（mm）	月	日	时起	时止	降水量（mm）
8	17	14	15	1.0	8	18	5	6	17.0	8	18	16	17	50.5	8	19	9	10	1.5
		16	17	2.0			6	7	36.0			17	18	62.0			10	11	2.5
		17	18	0.5			7	8	51.5			18	19	41.5			13	14	2.0
		18	19	0.5			8	9	18.0			19	20	13.0			14	15	0.5
		19	20	0.5			9	10	7.5			20	21	0.5			16	17	1.0
		22	23	0.5			10	11	1.0			21	22	5.5			19	20	1.0
		23	24	3.5			11	12	6.0			22	23	14.5			20	21	1.0
	18	0	1	0.5			12	13	2.5			23	24	12.0			21	22	0.5
		2	3	2.0			13	14	1.5		19	0	1	2.5					
		3	4	3.5			14	15	6.0			3	4	0.5					
		4	5	5.5			15	16	23.0			4	5	2.0					

表2-8 睢阳区水务局站降水量摘录

月	日	时起	时止	降水量（mm）	月	日	时起	时止	降水量（mm）	月	日	时起	时止	降水量（mm）	月	日	时起	时止	降水量（mm）
8	18	0	1	1.0	8	18	12	13	8.5	8	18	21	22	1.5	8	19	9	10	4.5
		4	5	2.0			13	14	8.5			22	23	2.0			10	11	2.0
		5	6	5.5			14	15	16.5			23	24	1.5			11	12	2.0
		6	7	15.0			15	16	39.5		19	0	1	1.0			15	16	0.5
		7	8	20.0			16	17	18.0			4	5	1.5			18	19	0.5
		8	9	33.5			17	18	18.0			5	6	5.0			19	20	3.5
		9	10	104.0			18	19	7.5			6	7	5.5					
		10	11	40.5			19	20	8.0			7	8	4.0					
		11	12	8.5			20	21	6.5			8	9	5.0					

（三）邻近站对比

邻近雨量站降雨过程对比如图 2-23 ～ 图 2-28 所示。

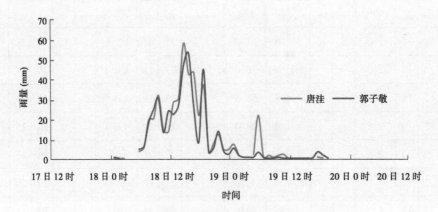

图 2-23　唐洼与郭子敬雨量站降雨过程对比图

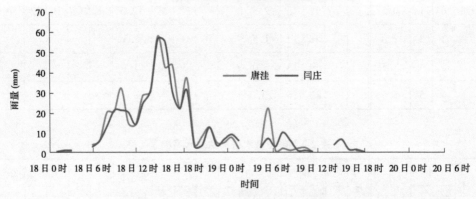

图 2-24　唐洼与闫庄雨量站降雨过程对比图

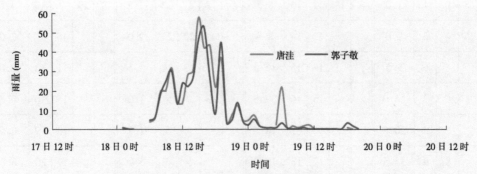

图 2-25　唐洼与郭子敬雨量站降雨过程对比图

二、周口市分析复核成果

通过对次雨量超 350 mm 的站点进行实地走访调查,场地符合观测要求,RTU 数据无丢失情况,各站雨量资料记录翔实可靠。

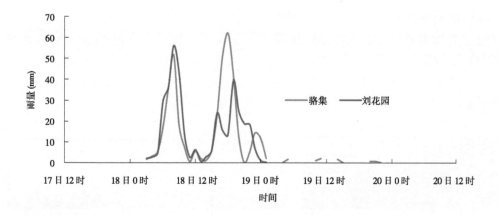

图 2-26　骆集与刘花园雨量站降雨过程对比图

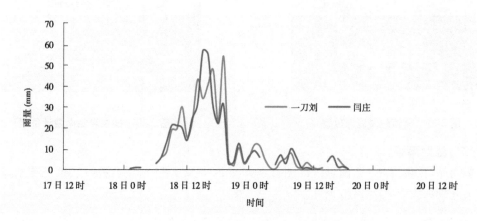

图 2-27　一刀刘与闫庄雨量站降雨过程对比图

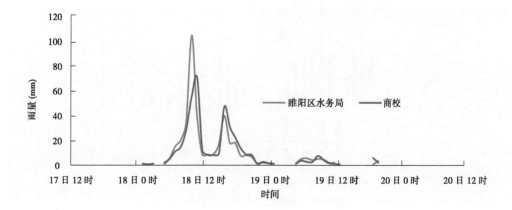

图 2-28　睢阳区水务局与商校雨量站降雨过程对比图

（一）场地复核

经过现场调查，2 站（柳河站、铁佛寺站）雨量计规范安装在房顶（见图 2-29、图 2-30），雨量计离开障碍物边缘的距离达到了至少为障碍物高度的 2 倍距离，保证降水倾斜下降时，四周地形或物体不致影响降水落入观测仪器内，符合规范要求，RTU 数据无丢包现象。

图 2-29　柳河站雨量计位置

图 2-30　铁佛寺站雨量计位置

（二）逐时雨强

柳河站、铁佛寺站 1 h 雨量统计图分别如图 2-31、图 2-32 所示，柳河站、铁佛寺站降水量摘录分别如表 2-9、表 2-10 所示。

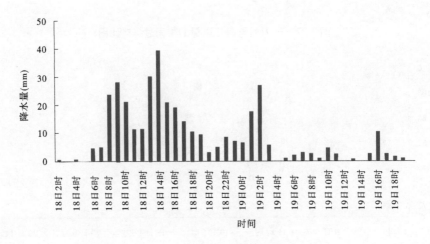

图 2-31　柳河站 1 h 雨量统计图

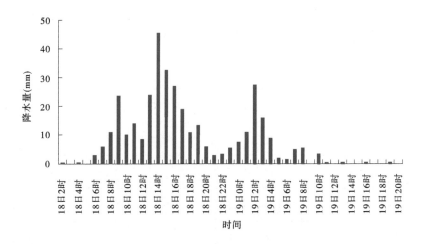

图 2-32 铁佛寺站 1 h 雨量统计图

表 2-9 柳河站降水量摘录

月	日	时 起	时 止	降水量（mm）	月	日	时 起	时 止	降水量（mm）	月	日	时 起	时 止	降水量（mm）	月	日	时 起	时 止	降水量（mm）
8	18	2	3	0	8	18	12	13	30.0	8	18	22	23	7.0	8	19	8	9	1.0
		3	4	0.5			13	14	39.5			23	24	6.5			9	10	4.5
		4	5	0			14	15	21.0		19	0	1	17.5			10	11	2.5
		5	6	4.5			15	16	19.0			1	2	27.0			11	12	0.5
		6	7	5.0			16	17	14.0			2	3	5.5			12	13	0.5
		7	8	23.5			17	18	10.5			3	4	0			13	14	0.5
		8	9	28.0			18	19	9.5			4	5	1.0			14	15	2.5
		9	10	21.0			19	20	3.0			5	6	2.0			15	16	10.5
		10	11	11.5			20	21	5.0			6	7	3.0			16	17	2.5
		11	12	11.5			21	22	8.5			7	8	1.0			17	18	1.0

三、开封市分析复核成果

此次暴雨中心板木站次雨量为 445 mm,其周围邻近 7 个雨量站均超过了 250 mm。通过对板木、邸阁、傅集、沙沃、玉皇庙、围镇、宗寨、大魏店 8 个站点逐一实地调查,观测场地都符合规范要求,RTU 数据无丢包现象。各时段雷达图也与各站点的 1 h 雨强变化情况相吻合;与邻近站点对比,雨量变化趋势相同,雨强接近。以上分析复核结果表明,各站雨量资料记录翔实可靠。

表2-10　铁佛寺站降水量摘录表

月	日	时起	时止	降水量（mm）	月	日	时起	时止	降水量（mm）	月	日	时起	时止	降水量（mm）	月	日	时起	时止	降水量（mm）
8	18	1	2	0.5	8	18	13	14	45.5	8	19	1	2	27.5	8	19	13	14	0
		2	3	0			14	15	32.5			2	3	16.0			14	15	0
		3	4	0.5			15	16	27.0			3	4	9.0			15	16	0.5
		4	5	0			16	17	19.0			4	5	2.0			16	17	0
		5	6	3.0			17	18	11.0			5	6	1.5			17	18	0
		6	7	6.0			18	19	13.5			6	7	5.0			18	19	0.5
		7	8	11.0			19	20	6.0			7	8	5.5					
		8	9	23.5			20	21	3.0			8	9						
		9	10	10.0			21	22	3.5			9	10	3.5					
		10	11	14.0			22	23	5.5			10	11	0.5					
		11	12	8.5			23	24	7.5			11	12	0					
		12	13	24.0	8	19	0	1	11.0			12	13	0.5					

（一）场地复核

经过现场调查,8 站(板木、邸阁、傅集、沙沃、玉皇庙、围镇、宗寨、大魏店)雨量计规范安装在房顶(见图2-33 ~ 图2-40),雨量计离开障碍物边缘的距离达到了至少为障碍物高度的 2 倍距离,保证降雨倾斜下降时,四周地形或物体不致影响降雨落入观测仪器内,符合规范要求,RTU 数据无丢包现象。

（二）逐时雨强

通过对降雨时段 8 月 18 日 10 ~ 18 时的逐时雨强和雷达图的比对,8 站点逐时雨强和该时段雷达图的变化情况相吻合,暴雨中心及邻近 7 站雨量对比,除了暴雨中心板木,逐时雨强变化情况基本相同。

图 2-33　板木站雨量计位置

图 2-34　邸阁站雨量计位置

图 2-35　傅集站雨量计位置

图 2-36　沙沃站雨量计位置

图 2-37　玉皇庙站雨量计位置

图 2-38　圈镇站雨量计位置

开封 8 站 18 日 10 ~ 18 时逐时雨量统计如表 2-11 所示。

图2-39　宗寨站雨量计位置

图2-40　大魏店站雨量计位置

表 2-11　开封 8 站 18 日 10～18 时逐时雨量统计　　　　（单位:mm）

月	日	时起	止	板木	邸阁	傅集	沙沃	玉皇庙	圉镇	宗寨	大魏店
8	18	9	10	27.5	5.5	20.5	6.5	8.0	16.5	14.5	17.0
		10	11	14.5	21.5	24.0	29.0	30.5	15.0	14.5	31.0
		11	12	31.0	19.5	29.5	21.0	14.5	23.0	21.5	31.0
		12	13	29.0	29.0	32.0	36.0	30.0	24.5	21.5	12.5
		13	14	29.5	32.5	18.5	16.5	27.5	17.5	19.5	12.5
		14	15	32.5	12.5	8.5	9.0	12.5	11.5	19.5	8.0
		15	16	25.5	13.0	11.5	8.5	13.0	13.0	19.0	8.0
		16	17	39.5	13.0	19.0	9.5	16.0	16.5	19.0	15.5
		17	18	24.0	20.0	17.0	21.0	26.5	15.0	15.5	15.5
		18	19	25.5	29.0	22.5	27.5	26.5	22.5	15.5	15.5

板木、邸阁、傅集、沙沃、玉皇庙、圉镇、宗寨、大魏店 1 h 雨量统计分别如图 2-41～图 2-48 所示。

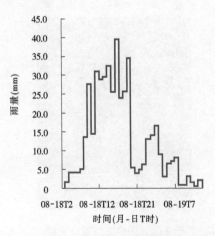

图2-41　板木站 1 h 雨量统计

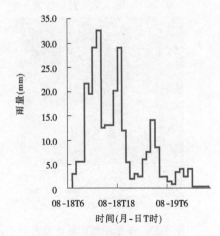

图2-42　邸阁站 1 h 雨量统计

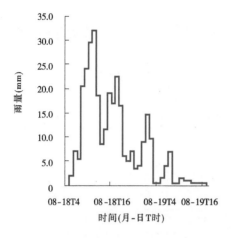

图 2-43　傅集站 1 h 雨量统计

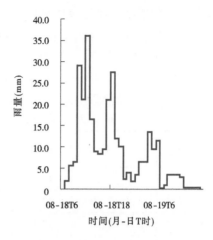

图 2-44　沙沃站 1 h 雨量统计

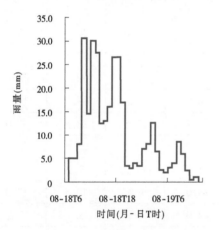

图 2-45　玉皇庙站 1 h 雨量统计

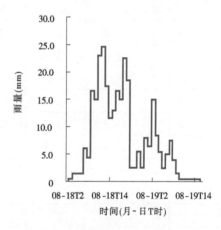

图 2-46　圉镇站 1 h 雨量统计

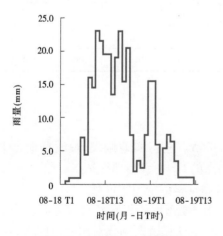

图 2-47　宗寨站 1 h 雨量统计

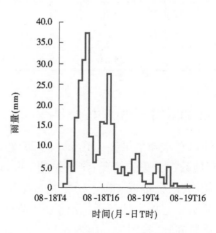

图 2-48　大魏店站 1 h 雨量统计

(三)与邻近站比对数据与图表

围绕暴雨中心板木的邻近雨量站选择了开封的宗寨、围镇、傅集 3 个雨量站,商丘的洼张雨量站,周口的铁佛寺、芝麻洼 2 个雨量站。根据统计,8 月 18 日 7 时至 8 月 19 日 18 时,板木累积降水量 442.0 mm 最大,商丘和周口雨量站均超过了 300 mm。

暴雨中心板木及围绕板木雨量站 2 h 雨强对比如表 2-12 所示。

表 2-12　暴雨中心板木及围绕板木雨量站 2 h 雨强对比　　　　(单位:mm)

| 月 | 日 | 时 | | 围镇 | 宗寨 | 傅集 | 洼张 | 芝麻洼 | 铁佛寺 | 板木 |
		起	止							
8	18	6	8	7.5	8.0	9.0	9.0	8.0	17.0	9.0
		8	10	21.0	20.5	26.0	31.5	27.5	33.5	41.0
		10	12	38.0	37.5	53.5	52.0	24.0	22.5	45.5
		12	14	42.0	41.0	50.5	35.5	48.5	69.5	58.5
		14	16	24.5	33.0	20.0	34.0	81.5	59.5	58.0
		16	18	31.5	42.0	36.0	49.0	37.0	30.0	63.5
		18	20	41.0	36.0	39.0	43.5	39.5	19.5	60.0
		20	22	5.0	9.5	11.0	11.5	6.0	6.5	9.5
		22	24	8.0	6.0	10.5	6.5	8.5	13.0	11.0
	19	0	2	14.5	23.0	13.0	18.0	27.5	38.5	27.0
		2	4	23.5	21.5	24.0	8.0	10.0	25.0	25.5
		4	6	8.0	7.0	0.5	1.5	14.5	3.5	9.5
		6	8	12.5	14.0	5.5	8.0	6.5	10.5	15.0
		8	10	5.5	4.5	7.5	7.0	4.0	3.5	2.0
		10	12	1.0	1.0	2.0	4.5	1.0	0.5	4.5
		12	14	0	1.0	2.0	1.0	0	0.5	2.5
		14	16	0.5	0	0	1.0	0	0.5	0
		16	18	0	0	0.5	2.0	0	0	0
合计				284.0	305.5	310.5	323.5	344.0	353.5	442.0

四、濮阳市分析复核成果

通过对次降水量超 150 mm 的 27 处遥测雨量站点进行实地调查,观测场地合乎要求,RTU 数据无丢失情况;降水量超 200 mm 的站点的 1 h 雨强与邻近站点对比,雨量变化趋势相同,雨强接近。以上分析复核结果表明,各站资料记录翔实可靠。

暴雨中心板木站及周边雨量站累积降水量对比、暴雨中心板木站与邻近商丘洼张站逐时雨强对比、暴雨中心板木站周边次雨量超 250 mm 7 站逐时雨强对比分别见图 2-49 ~ 图 2-51。

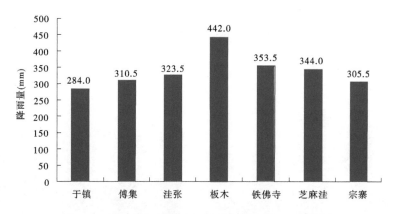

图 2-49 暴雨中心板木站及周边雨量站累积降水量对比

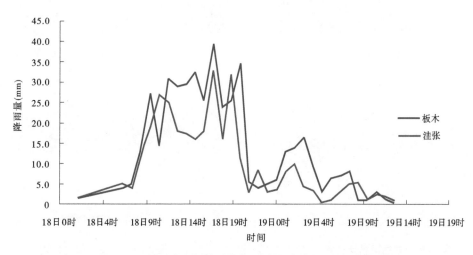

图 2-50 暴雨中心板木站与邻近商丘洼张站逐时雨强对比

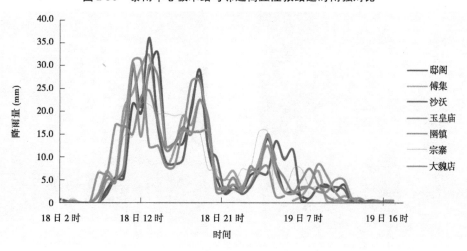

图 2-51 暴雨中心板木站周边次雨量超 250 mm 7 站逐时雨强对比

（一）场地复核

经实地调查,遥测雨量计安装在平房顶,环境开阔,无遮挡、覆盖,雨量计和 RTU 运行正常,雨量值准确。

孔村、上官村、刘拐、于寨、吴坝、夹河雨量计位置分别如图 2-52 ~ 图 2-57 所示。

图 2-52　孔村雨量计位置

图 2-53　上官村雨量计位置

图 2-54　刘拐雨量计位置

图 2-55　于寨雨量计位置

图 2-56　吴坝雨量计位置

图 2-57　夹河雨量计位置

（二）逐时雨强

孔村、刘拐、吴坝雨量站 1 h 降水过程如图 2-58 ～图 2-60 所示。

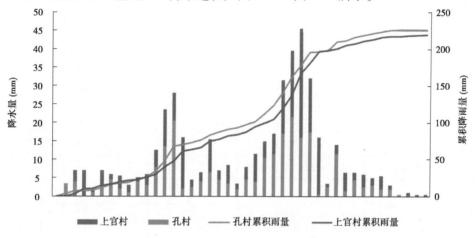

图 2-58　孔村雨量站 1 h 降水过程与邻站对比

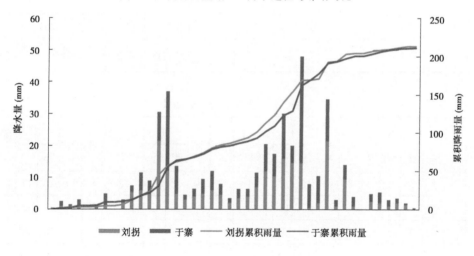

图 2-59　刘拐雨量站 1 h 降水过程与邻站对比

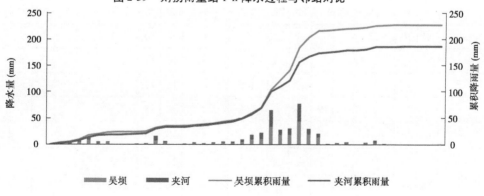

图 2-60　吴坝雨量站 1 h 降水过程与邻站对比

孔村、上官村、刘拐、于寨、吴坝、夹河降水量摘录分别见表2-13 ~ 表2-18。

表 2-13　孔村降水量摘录

月	日	起	止	降水量(mm)	月	日	起	止	降水量(mm)	月	日	起	止	降水量(mm)	月	日	起	止	降水量(mm)
8	18	2	3		8	18	13	14	8	8	19	0	1	4	8	19	11	12	4.5
		3	4	3.5			14	15	13.5			1	2	10.5			12	13	2.5
		4	5	4			15	16	20.5			2	3	11.5			13	14	3
		5	6				16	17	2			3	4	17			14	15	2
		6	7	1			17	18	2.5			4	5	21.5			15	16	2
		7	8	3			18	19	4			5	6	16			16	17	0.5
		8	9	4.5			19	20	6.5			6	7	17.5			17	18	
		9	10	2			20	21	4.5			7	8	0.5			18	19	
		10	11	1			21	22	3.5			8	9	2.5			19	20	
		11	12	4			22	23	2			9	10	11.5			20	21	
		12	13	3			23	24	4.5			10	11	1.5			合计		226.0

表 2-14　上官村降水量摘录

月	日	起	止	降水量(mm)	月	日	起	止	降水量(mm)	月	日	起	止	降水量(mm)	月	日	起	止	降水量(mm)
8	18	4	5	3	8	18	16	17	14	8	19	4	5	18	8	19	16	17	
		5	6	7			17	18	2			5	6	29.5			17	18	1
		6	7	0.5			18	19	2.5			6	7	14.5			18	19	0.5
		7	8	4			19	20	9			7	8	15.5			19	20	0.5
		8	9	1.5			20	21	2.5			8	9	1			20	21	0.5
		9	10	3.5			21	22	5			9	10	2.5		20	1	2	
		10	11	2			22	23	1.5			10	11	5			7	8	
		11	12	1			23	24	3.5			11	12	2					
		12	13	3		19	0	1	7.5			12	13	3.5					
		13	14	4.5			1	2	4.5			13	14	2			合计		220.0
		14	15	10			2	3	5.5			14	15	3.5					
		15	16	7.5			3	4	14.5			15	16	1					

表 2-15　刘拐降水量摘录

月	日	起	止	降水量(mm)	月	日	起	止	降水量(mm)	月	日	起	止	降水量(mm)	月	日	起	止	降水量(mm)
8	18	1	2	0.5	8	18	13	14	21.5	8	19	1	2	12	8	19	13	14	2.5
		2	3	1			14	15	12			2	3	10.5			14	15	2
		3	4	1			15	16	5			3	4	16			15	16	1
		4	5	0.5			16	17	3			4	5	14.5			16	17	2
		5	6				17	18	4			5	6	14.5			17	18	1.5
		6	7	0.5			18	19	5			6	7	0.5			18	19	
		7	8	1			19	20	6			7	8	2			19	20	
		8	9				20	21	4.5			8	9	21.5			20	21	
		9	10	2			21	22	2			9	10	1			21	22	
		10	11	5.5			22	23	3.5			10	11	9.5			合计		213.0
		11	12	6			23	24	4			11	12	1					
		12	13	5.5		19	0	1				12	13						

表 2-16　于寨降水量摘录

月	日	起	止	降水量(mm)	月	日	起	止	降水量(mm)	月	日	起	止	降水量(mm)	月	日	起	止	降水量(mm)
8	17	10	11		8	18	12	13	3.5	8	19	0	1	4.5	8	19	12	13	
	18	1	2				13	14	9			1	2	8.5			13	14	2.5
		2	3	1.5			14	15	25			2	3	7			14	15	3.5
		3	4	0.5			15	16	8.5			3	4	14			15	16	2
		4	5	2.5			16	17	1.5			4	5	5.5			16	17	1.5
		5	6				17	18	2.5			5	6	33.5			17	18	0.5
		6	7	1			18	19	4.5			6	7	7.5			18	19	0.5
		7	8	4			19	20	6			7	8	8.5			19	20	
		8	9				20	21	3.5			8	9	13			20	21	
		9	10	1			21	22	1.5			9	10	2			合计		211.0
		10	11	2			22	23	3			10	11	4.5					
		11	12	5.5			23	24	2.5			11	12	3					

表 2-17　吴坝降水量摘录

月	日	起时	止时	降水量（mm）	月	日	起时	止时	降水量（mm）
8	18	3	4	0.5	8	19	5	6	4.5
		4	5	3			6	7	9.5
		9	10	1.5			7	8	10
		10	11	4			8	9	34
		11	12	8.5			9	10	18.5
		12	13	2			10	11	18.5
		13	14	3.5			11	12	43
		14	15	0.5			12	13	19
		18	19	0.5			13	14	13.5
		19	20	1			14	15	0.5
		20	21	7			15	16	1.5
		21	22	3			16	17	2
		23	24	0.5			17	18	0.5
	19	0	1	1.5			19	20	2
		1	2	1.5			20	21	3
		2	3	1.5			21	22	1
		3	4	3			22	23	0.5
		4	5	2.5					227.0

表 2-18　夹河降水量摘录

月	日	起时	止时	降水量（mm）	月	日	起时	止时	降水量（mm）
8	18	1	2		8	19	1	2	1.0
		2	3				2	3	2.5
		3	4	1.0			3	4	2.5
		4	5	1.5			4	5	2.5
		5	6				5	6	5.0
		6	7				6	7	8.5
		7	8				7	8	12.0
		8	9				8	9	31.5
		9	10	1.5			9	10	9.5
		10	11	4.5			10	11	11.5
		11	12	5.5			11	12	34.0
		12	13	3.5			12	13	10.5
		13	14	1.5			13	14	7.0
		14	15				14	15	1.0
		15	16				15	16	1.5

续表 2-18

月	日	起时	止时	降水量（mm）	月	日	起时	止时	降水量（mm）
		16	17				16	17	2.5
		17	18	0.5			17	18	
		18	19	0.5			18	19	
		19	20	1.0			19	20	2.0
		20	21	9.0			20	21	4.5
		21	22	3.0			21	22	0.5
		22	23				22	23	
		23	24	0.5			23	24	0.5
	19	0	1	2.0					186.0

五、雨量计的校测

为了验证"8·18"暴雨过程中雨量监测的可靠性,对点雨量较大的 11 处站点的遥测雨量计进行了现场校测。使用的校测仪器为南京水文自动化研究所(江苏南水水务科技有限公司)生产的 PGC10 型移动式雨量计校准仪,校测过程严格按照仪器使用规程进行。

(一)商丘市

对商丘市火胡庄、唐洼、一刀刘、板木、闫庄、郭子敬、刘堤圈、骆集、郑庄等 9 个特大暴雨点进行了校测,每个站点采用 4 mm/min、2 mm/min、0.4 mm/min、三种雨强分别进行校测。

商丘市部分雨量站雨强校测结果如表 2-19 所示。

表 2-19　商丘市部分雨量站雨强校测结果

序号	站号	站名	雨量计类型	分辨力（mm）	检测雨强（mm/min）	注水量值（mm）	检测雨量值（mm）	相对误差（%）
1			翻斗式	0.5	4	10	9.98	0.2
2	50920101	火胡庄	翻斗式	0.5	2	10	9.82	1.8
3			翻斗式	0.5	0.4	10	9.47	5.3
4			翻斗式	0.5	4	10	10	0
5	50826554	唐洼	翻斗式	0.5	2	10	9.73	2.7
6			翻斗式	0.5	0.4	10	9.34	6.6

续表 2-19

序号	站号	站名	雨量计 类型	分辨力 （mm）	检测雨强 （mm/min）	注水量值 （mm）	检测雨量值 （mm）	相对误差 （%）
7			翻斗式	0.5	4	10	9.89	1.1
8	50826204	一刀刘	翻斗式	0.5	2	10	9.77	2.3
9			翻斗式	0.5	0.4	10	9.52	4.8
10			翻斗式	0.5	4	10	9.71	2.9
11	50822700	板木	翻斗式	0.5	2	10	9.43	5.7
12			翻斗式	0.5	0.4	10	9.3	7
13			翻斗式	0.5	4	10	10.26	-2.6
14	50826201	闫庄	翻斗式	0.5	2	10	10.26	-2.6
15			翻斗式	0.5	0.4	10	10.24	-2.4
16			翻斗式	0.5	4	10	9.91	0.9
17	50827602	郭子敬	翻斗式	0.5	2	10	9.79	2.1
18			翻斗式	0.5	0.4	10	9.45	5.5
19			翻斗式	0.5	4	10	9.77	2.3
20	50929200	刘堤圈	翻斗式	0.5	2	10	10.36	-3.6
21			翻斗式	0.5	0.4	10	9.56	4.4
22			翻斗式	0.5	4	10	9.99	0.1
23	50932000	骆集	翻斗式	0.5	2	10	9.92	0.8
24			翻斗式	0.5	0.4	10	9.73	2.7
25			翻斗式	0.5	4	10	9.81	1.9
26	50826552	郑庄	翻斗式	0.5	2	10	9.69	3.1
27			翻斗式	0.5	0.4	10	9.38	6.2

（二）周口市

对周口市柳河、铁佛寺 2 个特大暴雨点进行了校测，每个站点采用 4 mm/min、2 mm/min、0.4 mm/min 3 种雨强分别进行校测，如表 2-20 所示，都对 10 mm 降雨总量进行校测，并用相同方法进行 2 次。

周口部分雨量站雨强校测综合成果如表 2-21 所示。

（三）误差分析及精度评价

按照《降水量观测规范》(SL 21—2015)要求，雨量计的监测误差在 ±4% 范围内为合格。从检测结果相对误差统计可以看出，误差分布具有明显的特点。

1. 误差特点

(1)当雨强为 4 mm/min 时,11 处雨量站检测结果均在误差范围之内,其中 9 处雨量

站误差全部在 ±2% 之内,精度很高。

(2)误差分布具有明显的规律,即单个站点的误差随雨强减小而增大,符合误差形成机制。

(3)闫庄站三个降雨强度的检测误差均为负值,分别为 −2.6%、−2.6%、−2.4%,属于系统误差,雨量计可以进行机件调整,精度会更高。

周口市部分雨量站雨强校测结果、周口市部分雨量站雨强校测综合成果分别如表2-20、表2-21 所示。

表 2-20　周口市部分雨量站雨强校测结果

序号	雨量计	检测时间 (年-月-日 T 时:分)	检测雨强 (mm/min)	注水量值 (mm)	检测雨量值 (mm)	相对误差 (%)
1	站名:柳河 编号:50822801 类型:翻斗式 分辨力(mm): 0.5	2018-12-14T11:17	4	10	10.28	−2.8
2		2018-12-14T11:23	2	10	9.88	1.2
3		2018-12-14T11:49	0.4	10	9.65	3.6
4		2018-12-14T11:55	4	10	10.06	−0.6
5		2018-12-14T12:01	2	10	9.72	2.8
6		2018-12-14T12:26	0.4	10	9.62	3.9
7	站名:铁佛寺 编号:50822800 类型:翻斗式 分辨力(mm): 0.5	2018-12-14 14:19	4	10	10	0
8		2018-12-14T14:25	2	10	9.42	6.1
9		2018-12-14T14:52	0.4	10	9.21	8.5
10		2018-12-14T14:56	4	10	9.68	3.3
11		2018-12-14T15:01	2	10	9.51	5.1
12		2018-12-14T15:25	0.4	10	9.17	9

表 2-21　周口市部分雨量站雨强校测综合成果

序号	雨量计 编号值	站名	雨量计类型	分辨力 (mm)	检测雨强 (mm/min)	相对误差 (%)
1	50822801	柳河	翻斗式	0.5	4	−1.7
2			翻斗式	0.5	2	2
3			翻斗式	0.5	0.4	3.75
4	50822800	铁佛寺	翻斗式	0.5	4	1.65
5			翻斗式	0.5	2	5.6
6			翻斗式	0.5	0.4	8.75

(4)当雨强为 2 mm/min 时,11 处雨量站有 10 处检测结果均在误差范围之内,其中 1 处雨量站误差超过 ±4%,总体精度很高。

（5）当雨强为 0.4 mm/min 时,11 处雨量站有 9 处检测结果超出了误差范围,这是有原因的。

2.误差分析评价

存在误差的原因主要有几个方面。

（1）仪器测计误差,主要是翻斗分辨率造成的误差。所用雨量计分辨率为 0.5 mm,一次试验完毕后,翻斗中存有水量,小于 0.5 mm 不再翻动,剩余水量均值为 0.3 mm,仅此一项造成的相对误差均值将达到 3%。本项误差一次降雨过程只计入误差一次,雨量越大,相对误差越小。

（2）仪器内壁湿润误差,根据试验资料,一次降雨过程最大湿润误差为 0.3 mm。

（3）蒸发造成的误差,在检测过程中,由于环境温度很低,误差可以视为 0。

（四）"8·18"特大暴雨点误差计算和精度分析

依据以上检测结果和分析,针对火胡庄、唐洼、一刀刘、板木、闫庄、郭子敬、刘堤圈、骆集、郑庄、柳河、铁佛寺等 11 站"8·18"暴雨监测雨量进行误差计算和精度评定。

翻斗计量误差按照最大的 0.5 mm 计入;蒸发误差通常情况下,出现大的降雨过程时,空气湿度基本达到饱和,蒸发误差很小,在此按 2 mm 计入;仪器内壁湿润误差按照 0.3 mm 计入;按照《降水量观测规范》(SL 21—2015)误差计算规定,其他随机误差(包括风力误差和溅水误差)的最大值按照总雨量的 1% 计算。

部分站点"8·18"暴雨误差分析计算如表 2-22 所示。

表 2-22　部分站点"8·18"暴雨误差分析计算

序号	站名	雨量（mm）	计量误差（mm）	蒸发误差（mm）	湿润误差（mm）	随机误差（mm）	误差绝对值（mm）	相对误差（%）
1	火胡庄	491	0.5	2	0.3	4.9	7.7	1.5
2	唐洼	453.5	0.5	2	0.3	4.5	7.3	1.6
3	一刀刘	456.5	0.5	2	0.3	4.6	7.4	1.6
4	板木	445	0.5	2	0.3	4.5	7.3	1.6
5	闫庄	439.5	0.5	2	0.3	4.4	7.2	1.6
6	郭子敬	411	0.5	2	0.3	4.1	6.9	1.7
7	刘堤圈	395	0.5	2	0.3	4.0	6.8	1.7
8	骆集	404.5	0.5	2	0.3	4.0	6.8	1.7
9	郑庄	395.5	0.5	2	0.3	4.0	6.8	1.7
10	柳河	364.5	0.5	2	0.3	3.6	6.4	1.8
11	铁佛寺	358	0.5	2	0.3	3.6	6.4	1.8

结论：

（1）"8·18"暴雨中心站点雨量监测最大绝对误差不超过 10 mm。

（2）各检测点的暴雨监测值相对误差在 2%以内，没有超过规范规定的底限，精度高。

（3）水文系统"8·18"暴雨监测值是完全可靠的。

（五）现场图片

火胡庄站雨量计检测现场如图 2-61 所示。雨量计校准仪如图 2-62 所示。

 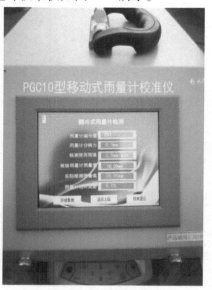

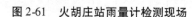

图 2-61　火胡庄站雨量计检测现场　　　　图 2-62　雨量计校准仪

六、各时段最大雨量统计

根据本次降雨过程，对主要暴雨区的部分雨量站不同时段的最大降雨量进行了统计分析，按照 10 min、1 h、2 h、3 h、6 h、12 h、24 h 等时段，统计分析了 27 个站的时段最大降雨情况。

各站逐时最大雨量如表 2-23 所示，"8·18"暴雨时段极值如表 2-24 所示。"8·18"暴雨洪水最大 10 min、1 h、2 h、3 h、6 h、12 h、24 h 降雨量统计分别如表 2-25 ～ 表 2-31 所示。

"8·18"暴雨累积降雨量超 250 mm 站点最大 10 min、1 h、2 h、3 h、6 h、12 h、24 h 雨量等值线分别如图 2-63 ～ 图 2-69 所示。

七、暴雨频率分析

用国内水文行业频率计算通用的"P－Ⅲ"型方法进行适线，确定暴雨区 27 个代表站各时段最大降水量频率曲线，依据各频率曲线，分析各站各时段最大降水量的重现期。

表 2-23　各站逐时最大雨量统计

序号	站名	市名	累计雨量(mm)	10(min)最大雨量		1 h 最大雨量		2 h 最大雨量		3 h 最大雨量		6 h 最大雨量		12 h 最大雨量		24 h 最大雨量	
				时间	雨量(mm)	时间	雨量(mm)	时间	雨量(mm)	时间	雨量(mm)	时间	雨量(mm)	时间	雨量(mm)	时间	雨量(mm)
1	火胡庄	商丘	491	18 日 15:30:00	17	18 日 15~16 时	54.5	18 日 14~16 时	99.5	18 日 7~10 时	125	18 日 12~18 时	191.5	18 日 6~18 时	382	18 日 0 时~19 日 0 时	439.5
2	一刀刘	商丘	456.5	18 日 16:00:00	14	18 日 18~19 时	54	18 日 15~17 时	88	18 日 16~19 时	124.5	18 日 13~19 时	242	18 日 7~19 时	358	18 日 6 时~19 日 6 时	424.5
3	唐洼	商丘	453.5	18 日 15:00:00	13	18 日 14~15 时	58	18 日 14~16 时	100.5	18 日 14~17 时	144	18 日 13~19 时	233.5	18 日 7~19 时	363	18 日 6 时~19 日 6 时	437.5
4	板木	开封	445	18 日 17:00:00	9.5	18 日 16~17 时	39.5	18 日 15~17 时	65	18 日 14~17 时	97.5	18 日 11~17 时	187	18 日 8~20 时	326.5	18 日 8 时~19 日 8 时	424
5	闫庄	商丘	439.5	18 日 15:40:00	21.5	18 日 14~15 时	56.5	18 日 14~16 时	111.5	18 日 13~16 时	142.5	18 日 13~19 时	225.5	18 日 7~19 时	339	18 日 6 时~19 日 6 时	398.5
6	郭子敬	商丘	411	18 日 14:50:00	30.5	18 日 15~16 时	53	18 日 14~16 时	100	18 日 14~17 时	126.5	18 日 13~19 时	207	18 日 7~19 时	341	18 日 5 时~19 日 5 时	392.5
7	骆集	商丘	404.5	18 日 17:10:00	18	18 日 17~18 时	62	18 日 16~18 时	112.5	18 日 15~18 时	135.5	18 日 14~20 时	196	18 日 7~19 时	271	18 日 1 时~19 日 1 时	383
8	睢阳区水务局	商丘	401	18 日 09:50:00	25	18 日 9~10 时	104	18 日 9~11 时	144.5	18 日 7~10 时	157.5	18 日 6~12 时	221.5	18 日 6~18 时	330.5	18 日 0 时~19 日 0 时	366
9	郑庄	商丘	395.5	18 日 14:00:00	12.5	18 日 13~14 时	53.5	18 日 13~15 时	87.5	18 日 13~16 时	127	18 日 11~17 时	201.5	18 日 6~18 时	312.5	18 日 0 时~19 日 0 时	375.5
10	刘堤圈	商丘	395	18 日 17:20:00	14	18 日 16~17 时	40.5	18 日 16~18 时	77.5	18 日 15~18 时	109	18 日 15~21 时	185.5	18 日 11~23 时	259	18 日 0 时~19 日 0 时	387.5
11	商校	周口	391	18 日 10:20:00	19	18 日 10~11 时	70	18 日 9~11 时	124.5	18 日 8~11 时	152.5	18 日 6~12 时	189.5	18 日 7~19 时	316.5	18 日 0 时~19 日 0 时	357.5
12	刘花园	商丘	384.5	18 日 07:40:00	13.5	18 日 7~8 时	56	18 日 7~9 时	98.5	18 日 6~9 时	135	18 日 4~10 时	182.5	18 日 5~17 时	237	17 日 23 时~18 日 23 时	373.5
13	李集	商丘	384	18 日 07:50:00	13	18 日 7~8 时	48.5	18 日 7~9 时	93.5	18 日 7~10 时	137.5	18 日 5~11 时	194	18 日 5~17 时	259.5	17 日 23 时~18 日 23 时	370
14	香盘	商丘	372	18 日 09:20:00	13	18 日 8~9 时	55.5	18 日 8~10 时	104.5	18 日 7~10 时	147.5	18 日 5~11 时	206.5	18 日 5~17 时	286.5	18 日 0 时~19 日 0 时	356
15	王集	商丘	367.5	18 日 07:30:00	11	18 日 7~8 时	47.5	18 日 7~9 时	82	18 日 6~9 时	104	18 日 16~22 时	149.5	18 日 7~19 时	215.5	18 日 2 时~19 日 2 时	357.5
16	柳河	周口	364.5	18 日 01:40:00	9.5	18 日 13~14 时	39.5	18 日 12~14 时	69.5	18 日 12~15 时	90.5	18 日 8~14 时	141.5	18 日 7~19 时	239	18 日 5 时~19 日 5 时	329.5
17	商丘	商丘	364	18 日 16:30:00	15	18 日 16~17 时	45.5	18 日 16~18 时	101.5	18 日 8~11 时	131	18 日 6~12 时	143	18 日 8~11 时	267.5	18 日 0 时~19 日 0 时	320
18	李魏庄	商丘	363.5	18 日 15:50:00	13	18 日 8~9 时	45.5	18 日 8~10 时	77	18 日 7~10 时	103.5	18 日 5~11 时	176	18 日 6~18 时	262	18 日 0 时~19 日 0 时	346
19	吴寨	商丘	362.5	18 日 08:30:00	10.5	18 日 7~9 时	40	18 日 7~9 时	108.5	18 日 7~10 时	156	18 日 4~10 时	143.5	18 日 5~17 时	224	17 日 23 时~18 日 23 时	354.5
20	大侯	商丘	359.5	18 日 08:20:00	10	18 日 7~9 时	56	18 日 7~9 时	78	18 日 7~10 时	105	18 日 5~11 时	208.5	18 日 7~19 时	291.5	18 日 0 时~19 日 0 时	344
21	铁佛寺	周口	358	18 日 14:20:00	10.5	18 日 13~14 时	45.5	18 日 13~15 时	88	18 日 13~16 时	114.5	18 日 12~18 时	159	18 日 8~20 时	237.5	18 日 5 时~19 日 5 时	337.5
22	彭园	商丘	355.5	18 日 16:20:00	19	18 日 16~17 时	53.5	18 日 16~18 时	91.5	18 日 15~18 时	120	18 日 15~21 时	169.5	18 日 7~19 时	263	18 日 0 时~19 日 0 时	315.5
23	王事业楼	商丘	354	18 日 10:20:00	11.5	18 日 10~11 时	58.5	18 日 9~11 时	89.5	18 日 8~11 时	123	18 日 7~13 时	161.5	18 日 7~19 时	298.5	18 日 1 时~19 日 1 时	335.5
24	芒种桥	商丘	351	18 日 09:20:00	13	18 日 8~9 时	45	18 日 7~9 时	74	18 日 7~10 时	103.5	18 日 6~12 时	172	18 日 6~18 时	295	18 日 0 时~19 日 0 时	328.5
25	姜楼	商丘	351	18 日 16:50:00	13	18 日 16~17 时	37	18 日 16~18 时	130	18 日 16~19 时	140.5	18 日 16~22 时	186.5	18 日 12 时~19 日 0 时	237.5	18 日 2 时~19 日 2 时	344
26	唐庄	商丘	347	18 日 14:30:00	19.5	18 日 14~15 时	78.5	18 日 13~15 时	118.5	18 日 13~16 时	146.5	18 日 11~17 时	195.5	18 日 6~18 时	287	17 日 23 时~18 日 23 时	320.5
27	浐河集	商丘	316.5	18 日 12:10:00	15.5	18 日 12~13 时	71.5	18 日 12~14 时	118.5	18 日 11~14 时	146.5	18 日 9~15 时	209.5	18 日 3~15 时	275	17 日 18 时~18 日 18 时	310

表 2-24 "8·18"暴雨时段极值

时段	市名	县	站名	极值(mm)	时间段
10 min	商丘		郭子敬	30.5	8月18日14时40分至50分
1 h	商丘	睢阳区	水务局	104	8月18日9~10时
2 h	商丘	睢阳区	水务局	144.5	8月18日9~11时
3 h	商丘	睢阳区	水务局	157.5	8月18日7~10时
6 h	商丘	睢县	一刀刘	243	8月18日13~19时
12 h	商丘	睢阳区	火胡庄	382	8月18日6~18时
24 h	商丘	睢阳区	火胡庄	439.5	8月18日0时至8月19日0时

表 2-25 "8·18"暴雨洪水最大 10 min 降雨量统计　　　　　(单位:mm)

序号	站号	站名	市名	10 min 最大降雨量	
				时间	降雨量
1	50827602	郭子敬	商丘	8月18日14时40分至50分	30.5
2	50900551	睢阳区水务局	商丘	8月18日9时40分至50分	25
3	50826201	闫庄	商丘	8月18日15时30分至40分	21.5
4	50920402	唐庄	商丘	8月18日14时20分至30分	19.5
5	50900553	商校	商丘	8月18日10时20分至30分	19
6	50827400	王事业楼	商丘	8月18日10时10分至20分	19
7	50932000	骆集	商丘	8月18日17时0分至10分	18
8	50920101	火胡庄	商丘	8月18日15时20分至30分	17
9	50921400	浑河集	商丘	8月18日12时0分至10分	15.5
10	50920550	商丘	商丘	8月18日16时20分至30分	15
11	50921100	大侯	商丘	8月18日8时10分至20分	15
12	50826204	一刀刘	商丘	8月18日15时50分至16时0分	14
13	50929200	刘堤圈	商丘	8月18日17时10分至20分	14
14	50930701	刘花园	商丘	8月18日7时30分至40分	13.5
15	50826554	唐洼	商丘	8月18日14时50分至15时0分	13
16	50929800	李集	商丘	8月18日7时40分至50分	13
17	50929100	营盘	商丘	8月18日9时10分至20分	13
18	50929000	李魏庄	商丘	8月18日15时40分至50分	13
19	50930600	姜楼	商丘	8月18日16时40分至50分	13
20	50826552	郑庄	商丘	8月18日13时50分至14时0分	12.5
21	50920300	芒种桥	商丘	8月18日9时10分至20分	11.5
22	50930700	王集	商丘	8月18日7时20分至30分	11
23	50929700	吴寨	商丘	8月18日8时20分至30分	10.5
24	50827901	彭园	商丘	8月18日16时10分至20分	10.5
25	50822800	铁佛寺	周口	8月18日14时10分至20分	10
26	50822700	板木	开封	8月18日16时50分至17时	9.5
27	50822801	柳河	周口	8月19日1时30分至40分	9.5

表 2-26　"8·18"暴雨洪水最大 1 h 降雨量统计　　　　（单位：mm）

序号	站号	站名	地市	1 h 最大降雨量	
				时间	降雨量
1	50900551	睢阳区水务局	商丘	8 月 18 日 9～10 时	104
2	50920402	唐庄	商丘	8 月 18 日 14～15 时	78.5
3	50921400	浑河集	商丘	8 月 18 日 12～13 时	71.5
4	50900553	商校	商丘	8 月 18 日 10～11 时	70
5	50932000	骆集	商丘	8 月 18 日 17～18 时	62
6	50827400	王事业楼	商丘	8 月 18 日 10～11 时	58.5
7	50826554	唐洼	商丘	8 月 18 日 14～15 时	58
8	50826201	闫庄	商丘	8 月 18 日 14～15 时	56.5
9	50930701	刘花园	商丘	8 月 18 日 7～8 时	56
10	50921100	大侯	商丘	8 月 18 日 7～8 时	56
11	50929100	营盘	商丘	8 月 18 日 8～9 时	55.5
12	50920101	火胡庄	商丘	8 月 18 日 15～16 时	54.5
13	50826204	一刀刘	商丘	8 月 18 日 18～19 时	54
14	50826552	郑庄	商丘	8 月 18 日 13～14 时	53.5
15	50827901	彭园	商丘	8 月 18 日 16～17 时	53.5
16	50827602	郭子敬	商丘	8 月 18 日 15～16 时	53
17	50929800	李集	商丘	8 月 18 日 7～8 时	48.5
18	50930700	王集	商丘	8 月 18 日 7～8 时	47.5
19	50929000	李魏庄	商丘	8 月 18 日 8～9 时	45.5
20	50822800	铁佛寺	周口	8 月 18 日 13～14 时	45.5
21	50920300	芒种桥	商丘	8 月 18 日 8～9 时	45
22	50929200	刘堤圈	商丘	8 月 18 日 16～17 时	40.5
23	50929700	吴寨	商丘	8 月 18 日 8～9 时	40
24	50822700	板木	开封	8 月 18 日 16～17 时	39.5
25	50822801	柳河	周口	8 月 18 日 13～14 时	39.5
26	50920550	商丘	商丘	8 月 18 日 16～17 时	39.5
27	50930600	姜楼	商丘	8 月 18 日 16～17 时	37

表 2-27　"8·18"暴雨洪水最大 2 h 降雨量统计

序号	站号	站名	地市	2 h 最大降雨量	
				时间	降雨量
1	50900551	睢阳区水务局	商丘	8 月 18 日 9~11 时	144.5
2	50920402	唐庄	商丘	8 月 18 日 13~15 时	130
3	50900553	商校	商丘	8 月 18 日 9~11 时	124.5
4	50921400	浑河集	商丘	8 月 18 日 12~14 时	118.5
5	50932000	骆集	商丘	8 月 18 日 16~18 时	112.5
6	50826201	闫庄	商丘	8 月 18 日 14~16 时	111.5
7	50921100	大侯	商丘	8 月 18 日 7~9 时	108.5
8	50929100	营盘	商丘	8 月 18 日 8~10 时	104.5
9	50929000	李魏庄	商丘	8 月 18 日 8~10 时	101.5
10	50826554	唐洼	商丘	8 月 18 日 14~16 时	100.5
11	50827602	郭子敬	商丘	8 月 18 日 14~16 时	100
12	50920101	火胡庄	商丘	8 月 18 日 14~16 时	99.5
13	50930701	刘花园	商丘	8 月 18 日 7~9 时	98.5
14	50929800	李集	商丘	8 月 18 日 7~9 时	93.5
15	50827400	王事业楼	商丘	8 月 18 日 9~11 时	91.5
16	50920300	芒种桥	商丘	8 月 18 日 7~9 时	89.5
17	50826204	一刀刘	商丘	8 月 18 日 15~17 时	88
18	50827901	彭园	商丘	8 月 18 日 16~18 时	88
19	50826552	郑庄	商丘	8 月 18 日 13~15 时	87.5
20	50930700	王集	商丘	8 月 18 日 7~9 时	82
21	50822800	铁佛寺	周口	8 月 18 日 13~15 时	78
22	50929200	刘堤圈	商丘	8 月 18 日 16~18 时	77.5
23	50929700	吴寨	商丘	8 月 18 日 7~9 时	77
24	50930600	姜楼	商丘	8 月 18 日 16~18 时	74
25	50920550	商丘	商丘	8 月 18 日 16~18 时	70
26	50822801	柳河	周口	8 月 18 日 12~14 时	69.5
27	50822700	板木	开封	8 月 18 日 15~17 时	65

表 2-28　"8·18"暴雨洪水最大 3 h 降雨量统计　　　　（单位：mm）

序号	站号	站名	地市	3 h 最大降雨量	
				时间	降雨量
1	50900551	睢阳区水务局	商丘	8 月 18 日 7～10 时	157.5
2	50921100	大侯	商丘	8 月 18 日 7～10 时	156
3	50900553	商校	商丘	8 月 18 日 8～11 时	152.5
4	50929100	营盘	商丘	8 月 18 日 7～10 时	147.5
5	50921400	浑河集	商丘	8 月 18 日 11～14 时	146.5
6	50826554	唐洼	商丘	8 月 18 日 14～17 时	144
7	50826201	闫庄	商丘	8 月 18 日 13～16 时	142.5
8	50920402	唐庄	商丘	8 月 18 日 13～16 时	140.5
9	50929800	李集	商丘	8 月 18 日 7～10 时	137.5
10	50932000	骆集	商丘	8 月 18 日 15～18 时	135.5
11	50930701	刘花园	商丘	8 月 18 日 6～9 时	135
12	50929000	李魏庄	商丘	8 月 18 日 7～10 时	131
13	50826552	郑庄	商丘	8 月 18 日 13～16 时	127
14	50827602	郭子敬	商丘	8 月 18 日 14～17 时	126.5
15	50920101	火胡庄	商丘	8 月 18 日 7～10 时	125
16	50826204	一刀刘	商丘	8 月 18 日 16～19 时	124.5
17	50920300	芒种桥	商丘	8 月 18 日 7～10 时	123
18	50827400	王事业楼	商丘	8 月 18 日 8～11 时	120
19	50827901	彭园	商丘	8 月 18 日 15～18 时	114.5
20	50929200	刘堤圈	商丘	8 月 18 日 15～18 时	109
21	50822800	铁佛寺	周口	8 月 18 日 13～16 时	105
22	50930700	王集	商丘	8 月 18 日 6～9 时	104
23	50929700	吴寨	商丘	8 月 18 日 7～10 时	103.5
24	50930600	姜楼	商丘	8 月 18 日 16～19 时	103.5
25	50822700	板木	开封	8 月 18 日 14～17 时	97.5
26	50920550	商丘	商丘	8 月 18 日 8～11 时	96.5
27	50822801	柳河	周口	8 月 18 日 12～15 时	90.5

表 2-29 "8·18"暴雨洪水最大 6 h 降雨量统计 （单位:mm）

序号	站号	站名	地市	6 h 最大降雨量	
				时间	降雨量
1	50826204	一刀刘	商丘	8 月 18 日 13～19 时	243
2	50826554	唐洼	商丘	8 月 18 日 13～19 时	233.5
3	50826201	闫庄	商丘	8 月 18 日 13～19 时	225.5
4	50900551	睢阳区水务局	商丘	8 月 18 日 6～12 时	221.5
5	50921400	浑河集	商丘	8 月 18 日 9～15 时	209.5
6	50921100	大侯	商丘	8 月 18 日 5～11 时	208.5
7	50827602	郭子敬	商丘	8 月 18 日 13～19 时	207
8	50929100	营盘	商丘	8 月 18 日 5～11 时	206.5
9	50826552	郑庄	商丘	8 月 18 日 11～17 时	201.5
10	50932000	骆集	商丘	8 月 18 日 14～20 时	196
11	50920402	唐庄	商丘	8 月 18 日 11～17 时	195.5
12	50929800	李集	商丘	8 月 18 日 5～11 时	194
13	50920101	火胡庄	商丘	8 月 18 日 12～18 时	191.5
14	50900553	商校	商丘	8 月 18 日 6～12 时	189.5
15	50822700	板木	开封	8 月 18 日 11～17 时	187
16	50930600	姜楼	商丘	8 月 18 日 16～22 时	186.5
17	50929200	刘堤圈	商丘	8 月 18 日 15～21 时	185.5
18	50930701	刘花园	商丘	8 月 18 日 4～10 时	182.5
19	50929000	李魏庄	商丘	8 月 18 日 5～11 时	176
20	50920300	芒种桥	商丘	8 月 18 日 6～12 时	172
21	50827901	彭园	商丘	8 月 18 日 15～21 时	169.5
22	50827400	王事业楼	商丘	8 月 18 日 7～13 时	161.5
23	50822800	铁佛寺	周口	8 月 18 日 12～18 时	159
24	50930700	王集	商丘	8 月 18 日 16～22 时	149.5
25	50929700	吴寨	商丘	8 月 18 日 4～10 时	143.5
26	50920550	商丘	商丘	8 月 18 日 6～12 时	143
27	50822801	柳河	周口	8 月 18 日 8～14 时	141.5

表 2-30　"8·18"暴雨洪水最大 12 h 降雨量统计　　　　（单位:mm）

序号	站号	站名	地市	12 h 最大降雨量	
				时间	降雨量
1	50920101	火胡庄	商丘	8 月 18 日 6 ~ 18 时	382
2	50826554	唐洼	商丘	8 月 18 日 7 ~ 19 时	363
3	50826204	一刀刘	商丘	8 月 18 日 7 ~ 19 时	358
4	50827602	郭子敬	商丘	8 月 18 日 7 ~ 19 时	341
5	50826201	闫庄	商丘	8 月 18 日 7 ~ 19 时	339
6	50900551	睢阳区水务局	商丘	8 月 18 日 6 ~ 18 时	330.5
7	50822700	板木	开封	8 月 18 日 8 ~ 20 时	326.5
8	50900553	商校	商丘	8 月 18 日 7 ~ 19 时	316.5
9	50826552	郑庄	商丘	8 月 18 日 6 ~ 18 时	312.5
10	50827400	王事业楼	商丘	8 月 18 日 7 ~ 19 时	298.5
11	50920300	芒种桥	商丘	8 月 18 日 6 ~ 18 时	295
12	50921100	大侯	商丘	8 月 18 日 5 ~ 17 时	291.5
13	50920402	唐庄	商丘	8 月 18 日 6 ~ 18 时	287
14	50929100	营盘	商丘	8 月 18 日 5 ~ 17 时	286.5
15	50921400	浑河集	商丘	8 月 18 日 3 ~ 15 时	275
16	50932000	骆集	商丘	8 月 18 日 7 ~ 19 时	271
17	50920550	商丘	商丘	8 月 18 日 7 ~ 19 时	267.5
18	50827901	彭园	商丘	8 月 18 日 8 ~ 20 时	263
19	50929000	李魏庄	商丘	8 月 18 日 5 ~ 17 时	262
20	50929800	李集	商丘	8 月 18 日 5 ~ 17 时	259.5
21	50929200	刘堤圈	商丘	8 月 18 日 11 ~ 23 时	259
22	50822801	柳河	周口	8 月 18 日 7 ~ 19 时	239
23	50822800	铁佛寺	周口	8 月 18 日 7 ~ 19 时	237.5
24	50930600	姜楼	商丘	8 月 18 日 12 时至 8 月 19 日 0 时	237.5
25	50930701	刘花园	商丘	8 月 18 日 5 ~ 17 时	237
26	50929700	吴寨	商丘	8 月 18 日 6 ~ 18 时	224
27	50930700	王集	商丘	8 月 18 日 7 ~ 19 时	215.5

表 2-31　"8·18"暴雨洪水最大 24 h 降雨量统计　　　　（单位：mm）

序号	站号	站名	地市	24 h 最大降雨量	
				时间	降雨量
1	50920101	火胡庄	商丘	8 月 18 日 0 时至 8 月 19 日 0 时	439.5
2	50826554	唐洼	商丘	8 月 18 日 6 时至 8 月 19 日 6 时	437.5
3	50826204	一刀刘	商丘	8 月 18 日 6 时至 8 月 19 日 6 时	424.5
4	50822700	板木	开封	8 月 18 日 8 时至 8 月 19 日 8 时	424
5	50826201	闫庄	商丘	8 月 18 日 6 时至 8 月 19 日 6 时	398.5
6	50827602	郭子敬	商丘	8 月 18 日 5 时至 8 月 19 日 5 时	392.5
7	50929200	刘堤圈	商丘	8 月 18 日 0 时至 8 月 19 日 0 时	387.5
8	50932000	骆集	商丘	8 月 18 日 1 时至 8 月 19 日 1 时	383
9	50826552	郑庄	商丘	8 月 18 日 6 时至 8 月 19 日 6 时	375.5
10	50930701	刘花园	商丘	8 月 17 日 23 时至 8 月 18 日 23 时	373.5
11	50929800	李集	商丘	8 月 17 日 23 时至 8 月 18 日 23 时	370
12	50900551	睢阳区水务局	商丘	8 月 18 日 0 时至 8 月 19 日 0 时	366
13	50900553	商校	商丘	8 月 18 日 0 时至 8 月 19 日 0 时	357.5
14	50930700	王集	商丘	8 月 18 日 2 时至 8 月 19 日 2 时	357.5
15	50929100	营盘	商丘	8 月 18 日 0 时至 8 月 19 日 0 时	356
16	50929700	吴寨	商丘	8 月 17 日 23 时至 8 月 18 日 23 时	354.5
17	50929000	李魏庄	商丘	8 月 18 日 0 时至 8 月 19 日 0 时	346
18	50921100	大侯	商丘	8 月 18 日 0 时至 8 月 19 日 0 时	344
19	50930600	姜楼	商丘	8 月 18 日 2 时至 8 月 19 日 2 时	344
20	50822800	铁佛寺	周口	8 月 18 日 5 时至 8 月 19 日 5 时	337.5
21	50827400	王事业楼	商丘	8 月 18 日 1 时至 8 月 19 日 1 时	335.5
22	50822801	柳河	周口	8 月 18 日 5 时至 8 月 19 日 5 时	329.5
23	50920300	芒种桥	商丘	8 月 18 日 0 时至 8 月 19 日 0 时	328.5
24	50920402	唐庄	商丘	8 月 17 日 23 时至 8 月 18 日 23 时	320.5
25	50920550	商丘	商丘	8 月 18 日 0 时至 8 月 19 日 0 时	320
26	50827901	彭园	商丘	8 月 18 日 0 时至 8 月 19 日 0 时	315.5
27	50921400	浑河集	商丘	8 月 17 日 18 时至 8 月 18 日 18 时	310

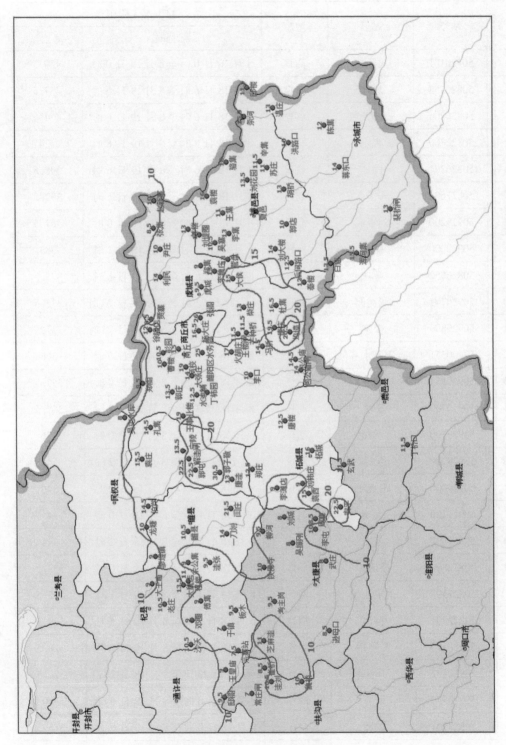

图 2-63　"8·18"暴雨累计降雨量超 250 mm 站点最大 10 min 雨量等值线

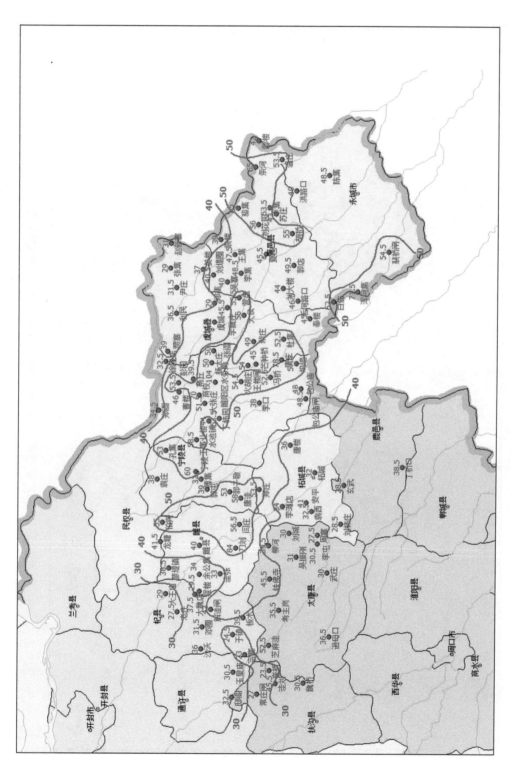

图 2-64 "8·18" 暴雨累计降雨量超 250 mm 站点最大 1 h 雨量等值线

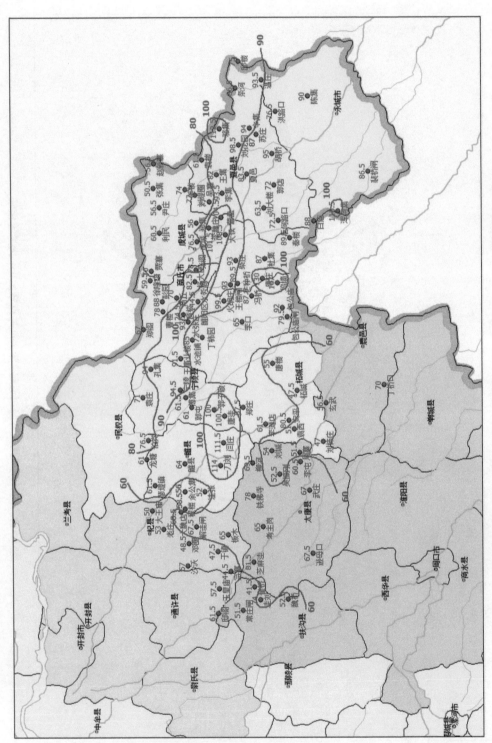

图 2-65　"8·18"暴雨累计降雨量超 250 mm 站点最大 2 h 雨量等值线

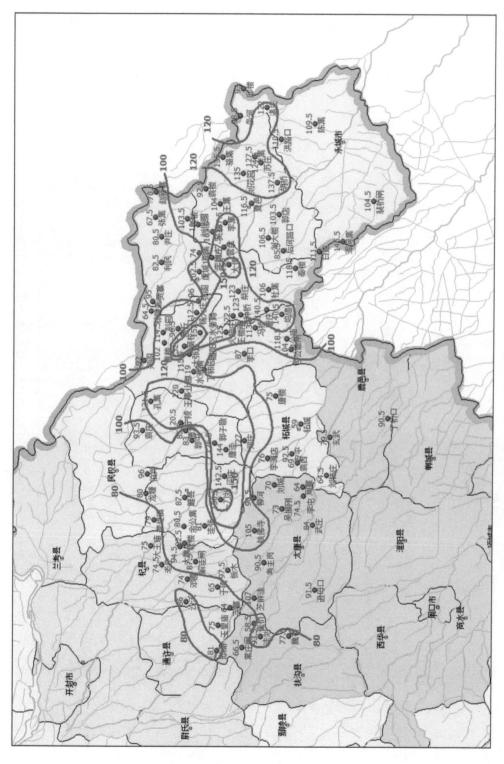

图 2-66 "8·18"暴雨累计降雨量超 250 mm 站点最大 3 h 雨量等值线

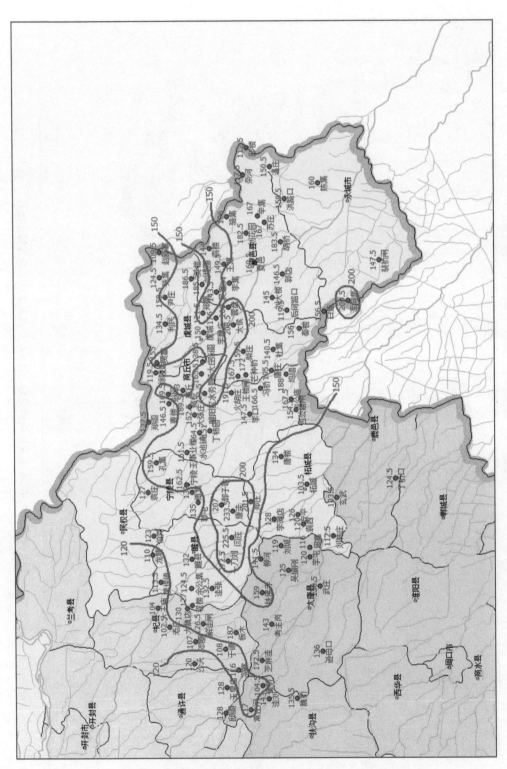

图 2-67　"8·18"暴雨累计降雨量超 250 mm 站点最大 6 h 雨量等值线

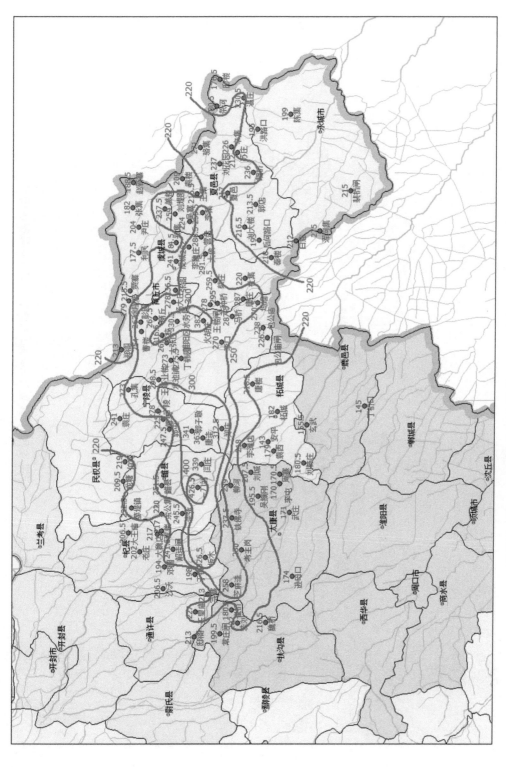

图 2-68 "8·18"暴雨累计降雨量超 250 mm 站点最大 12 h 雨量等值线

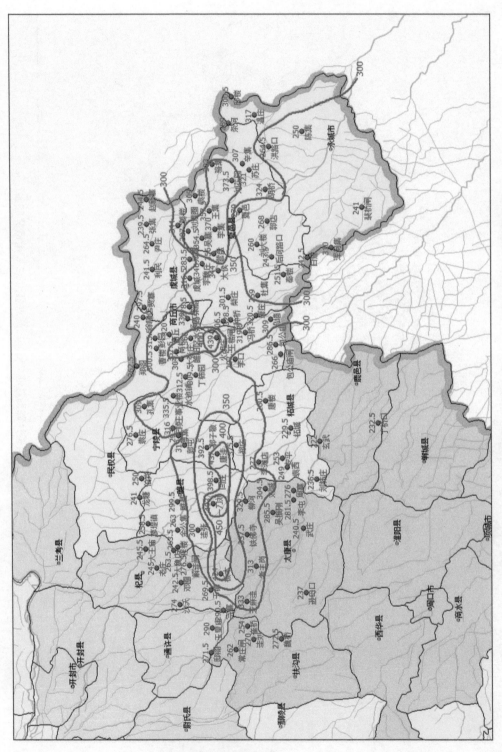

图 2-69 "8·18"暴雨累计降雨量超 250 mm 站点最大 24 h 雨量等值线

"8·18"主要暴雨区部分站各时段最大降水量重现期统计见表2-33,"8·18"暴雨各时段降水重现期差异较大,最大10 min、1 h降水量的重现期最大的达500年、最小的仅5年,最大3 h降水量的重现期最大的达500年、最小的为10年,最大6 h降水量的重现期最大的达500年、最小的为20年,最大12 h降水量的重现期最大的达500年、最小的为40年,最大24 h降水量的重现期最大的达300年、最小的为50年。

各时段最大降水量重现期个数如表2-32所示。

表2-32　各时段最大降水量重现期个数

序号	重现期(年)	27处代表站各时段最大降水量重现期个数						合计
		10 min	1 h	3 h	6 h	12 h	24 h	
1	$50 \leqslant T$	8	12	12	7	2	1	42
2	$50 < T \leqslant 100$	5	7	9	4	3	8	36
3	$100 < T \leqslant 200$	13	5	2	10	12	16	58
4	$200 < T \leqslant 400$	0	1	2	4	9	2	18
5	$400 < T \leqslant 500$	1	2	2	2	1	0	8
合计		27	27	27	27	27	27	162

八、各控制断面平均降雨量

本次暴雨洪水调查,重点计算商丘市、周口市、开封市暴雨区主要控制断面以上平均降雨量,其中商丘市永城、黄口集、李集、孙庄、砖桥、李黑楼6站,周口市太康、玄武2站,开封市郔阁、大魏店、柿园、大王庙4站。此次计算取控制断面以上流域内数据正确无误的雨量站,采用算术平均法计算平均降雨量。其中由于太康、李黑楼雨量站设备问题,雨量数据不准确,经调查,附近气象站数据可信,故采用其数据参加计算。

暴雨区主要站控制断面平均雨量成果如表2-34所示。

(一)永城

8月17日22时至19日0时,永城站流域以上平均降雨量309 mm,主要降雨为8月18日5~20时,历时15 h。

永城流域以上降雨分布如图2-70所示。

(二)黄口集

8月17日23时至18日23时,黄口集站流域以上平均降雨量210 mm,主要降雨为8月18日4~15时,历时11 h。

黄口集流域以上降雨分布如图2-71所示。

表2-33 "8·18"主要暴雨区部分站各时段最大降水量重现期统计

各时段最大降水量重现期

序号	站名	局	10 min 雨量值(mm)	10 min 重现期(年)	1 h 雨量值(mm)	1 h 重现期(年)	3 h 雨量值(mm)	3 h 重现期(年)	6 h 雨量值(mm)	6 h 重现期(年)	12 h 雨量值(mm)	12 h 重现期(年)	24 h 雨量值(mm)	24 h 重现期(年)
1	郭子敬	商丘	30.5	200	53	100	126.5	70	207	300	341	300	392.5	150
2	睢阳区水务局	商丘	25	200	104	500	157.5	500	221.5	400	330.5	300	366	200
3	闫庄	商丘	21.5	200	56.5	200	142.5	500	225.5	500	339	500	398.5	300
4	唐庄	商丘	19.5	200	78.5	500	140.5	300	195.5	200	287	200	320.5	200
5	商校	商丘	19	200	70	200	152.5	400	189.5	200	316.5	300	357.5	200
6	王事业楼	商丘	19	200	58.5	40	120	30	161.5	40	298.5	300	335.5	200
7	路集	商丘	18	200	62	200	135.5	100	196	100	271	150	383	100
8	火朗庄	商丘	17	500	54.5	100	125	100	191.5	150	382	300	439.5	200
9	浑河集	商丘	15.5	200	71.5	300	146.5	100	209.5	100	275	100	310	100
10	商丘	商丘	15	5	39.5	<5	96.5	10	143	50	267.5	200	320	300
11	大侯	商丘	15	200	56	200	156	200	208.5	200	291.5	200	344	100
12	一刀刘	商丘	14	100	54	100	124.5	100	242	500	358	400	424.5	200
13	刘堤圈	商丘	14	100	40.5	<5	109	50	185.5	150	259	150	387.5	200
14	刘花园	商丘	13.5	100	56	100	135	100	182.5	200	237	200	373.5	200

续表 2-33

各时段最大降水量及重现期

序号	站名	局	10 min 雨量值(mm)	10 min 重现期(年)	1 h 雨量值(mm)	1 h 重现期(年)	3 h 雨量值(mm)	3 h 重现期(年)	6 h 雨量值(mm)	6 h 重现期(年)	12 h 雨量值(mm)	12 h 重现期(年)	24 h 雨量值(mm)	24 h 重现期(年)
15	唐洼	商丘	13	200	58	100	144	100	233.5	400	363	300	437.5	150
16	李集	商丘	13	<5	48.5	<5	137.5	40	194	90	259.5	150	370	100
17	营盘	商丘	13	>20	55.5	<10	147.5	80	206.5	150	286.5	300	356	200
18	李魏庄	商丘	13	50	45.5	<5	131	50	176	100	262	150	346	100
19	姜楼	商丘	13	100	37	10	103.5	30	186.5	150	237.5	100	344	100
20	郑庄	商丘	12.5	200	53.5	200	127	200	201.5	400	312.5	300	375.5	200
21	芒种桥	商丘	11.5	100	45	20	123	40	172	40	295	100	328.5	80
22	王集	商丘	11	50	47.5	30	104	20	149.5	20	215.5	50	357.5	150
23	吴寨	商丘	10.5	50	40	5	103.5	30	143.5	30	224	150	354.5	200
24	彭园	商丘	10.5	20	53.5	80	114.5	100	169.5	150	263	200	315.5	200
25	铁佛寺	周口	10	50	45.5	40	105	20	159	20	237.5	40	337.5	50
26	板木	开封	9.5	200	39.5	100	97.5	50	187	150	326.5	200	424	200
27	柳河	周口	9.5	200	39.5	50	90.5	30	141.5	40	239	150	329.5	100

频率计算站信息

表 2-34　暴雨区主要站控制断面平均雨量成果

市	站名	雨量站	平均雨量(mm)
商丘	永城	蒋口、陈庄、歧河、胡桥、苏庄、夏邑、刘花园、司破楼、李集、王集、大侯、营盘、吴寨、刘堤圈、姜楼、李魏庄、虞城、郑集、利民、永城	309
	黄口集	胡道口、大王集、浑河集、曹庄、乔集、丁路口、业庙、白庙、后河路口、秦楼、黄口集	210
	李集	吴寨、郑集、刘堤圈、李集	351
	孙庄	孙庄(商丘)、彭园、曹楼	348
	砖桥	柘城、关桥、刘柿庄、李滩店、郑庄、唐洼、闫庄、一刀刘、郭子敬、洼张、睢县、余公集、程楼、柿园、平城、孟角、兰考、曲兴、娥赵、扫东、小庄、八里湾、柿园站、张楼、陈留、汪屯、开封、豫东局、开封水利局、南北堤、于良砦、张湾、大王庙、砖桥闸	215
	李黑楼	固口闸、朱楼、红旗、李庄、陇海、砀山、岳庄坝、曹庄、官庄坝、温庄、骆集、条河、袁楼、赵新寨、张集、李黑楼(芒山)	281
周口	太康	东漳、韩庄、樊庙、吴寨、仙人庄、万隆、赤仓、小城、孙营、三赵、北孙营、竖岗、邸阁、杏花营、通许、四所楼、沙沃、玉皇庙、宗寨站、芝麻洼、考主岗、太康	194
	玄武	东漳、韩庄、樊庙、吴寨、朱仙镇、仙人庄、万隆、赤仓、小城、孙营、三赵、北孙营、竖岗、邸阁、杏花营、通许、四所楼、沙沃、玉皇庙、宗寨站、芝麻洼、考主岗、太康、仇楼、晁村、高阳镇、周寨、邓圈、傅集、板木、于镇、铁佛寺、吴振刚、李屯、武庄、玄武	222
	邸阁	东漳、韩庄、樊庙、朱仙镇、吴寨、仙人庄、万隆、赤仓、小城、孙营、三赵、北孙营、邸阁、竖岗、前李闸	145
开封	大魏店	老庄、方庄、大魏店	240
	柿园	柿园、平城、孟角、兰考、曲兴、娥赵、扫东、小庄、八里湾、柿园	146
	大王庙	柿园、平城、孟角、兰考、曲兴、娥赵、扫东、小庄、八里湾、柿园、张楼、陈留、汪屯、开封、豫东局、水利局、南北堤、于良寨、张湾、大王庙	145

（三）李集

2018 年 8 月 18 日 3 时至 19 日 7 时,李集站流域以上平均降雨量 351 mm,主要降雨为 8 月 18 日 6～21 时,历时 15 h。

李集站流域以上降雨分布如图 2-72 所示。

（四）孙庄（商丘）

2018 年 8 月 18 日 5 时至 19 日 20 时,孙庄(商丘)站流域以上平均降雨量 348 mm,主要降雨为 8 月 18 日 7～21 时,历时 14 h。

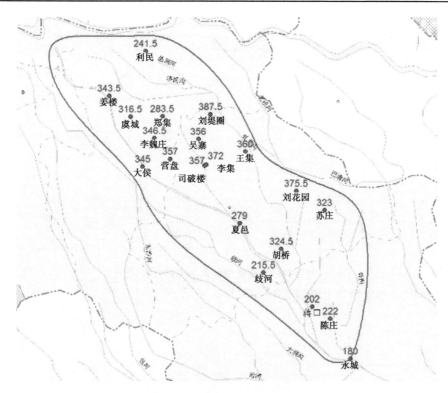

图 2-70　永城流域以上降雨分布

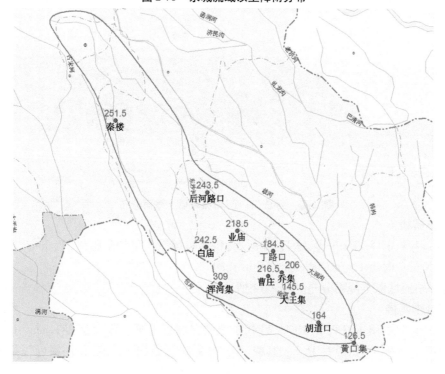

图 2-71　黄口集流域以上降雨分布

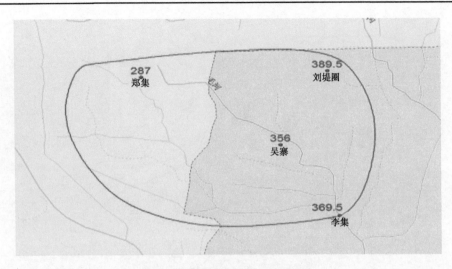

图 2-72　李集站流域以上降雨分布

孙庄(商丘)站流域以上降雨分布如图 2-73 所示。

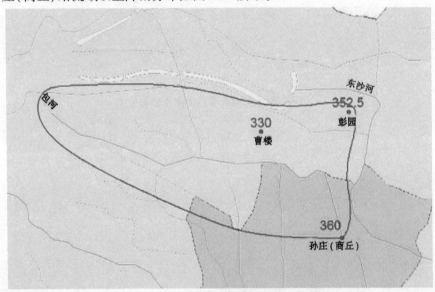

图 2-73　孙庄(商丘)站流域以上降雨分布

(五)砖桥

2018 年 8 月 18 日 7 时至 19 日 18 时,砖桥站流域以上平均降雨量 215 mm,主要降雨为 8 月 18 日 7 时至 19 日 1 时,历时 18 h。

砖桥站流域以上降雨分布如图 2-74 所示。

(六)李黑楼

2018 年 8 月 18 日 1 时至 19 日 2 时,李黑楼流域以上平均降雨量 281 mm,主要降雨为 8 月 18 日 5~21 时,历时 16 h。其中,李黑楼站雨量数据不准确,借用附近气象站芒山站数据。

李黑楼站流域以上降雨分布如图 2-75 所示。

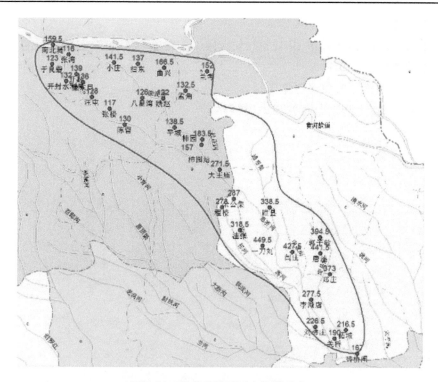

图 2-74　砖桥站流域以上降雨分布

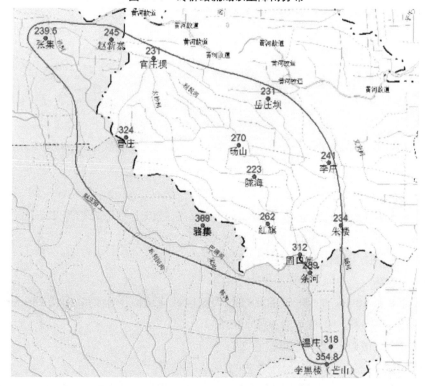

图 2-75　李黑楼站流域以上降雨分布

（七）太康

2018 年 8 月 18 日 4 时至 19 日 16 时，太康站流域以上平均降雨量 194 mm，主要降雨为 8 月 18 日 10 时至 19 日 6 时，历时 20 h。由于太康遥测站雨量筒疑为异物堵塞，造成数据异常，故采用附近气象遥测站雨量数据。

太康站流域以上降雨分布如图 2-76 所示。

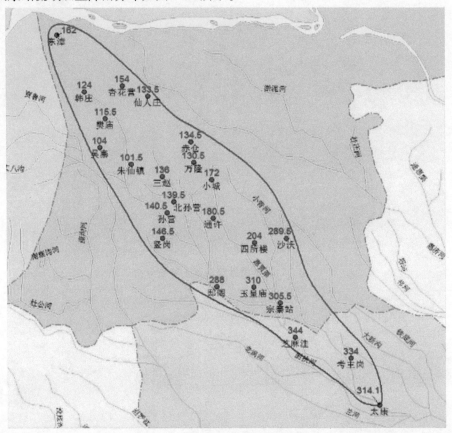

图 2-76　太康站流域以上降雨分布

（八）玄武

2018 年 8 月 18 日 4 时至 19 日 16 时，玄武站流域以上平均降雨量 222 mm，主要降雨为 8 月 18 日 8 时至 19 日 3 时，历时 19 h。

玄武站流域以上降雨分布如图 2-77 所示。

（九）大魏店

2018 年 8 月 18 日 7 时至 19 日 18 时，大魏店站流域以上平均降雨量 240 mm，主要降雨为 8 月 18 日 9 时至 19 日 1 时，历时 16 h。

大魏店站流域以上降雨分布如图 2-78 所示。

（十）柿园

2018 年 8 月 18 日 7 时至 19 日 18 时，柿园站流域以上平均降雨量 146 mm，主要降雨为 8 月 18 日 9 时至 19 日 3 时，历时 18 h。

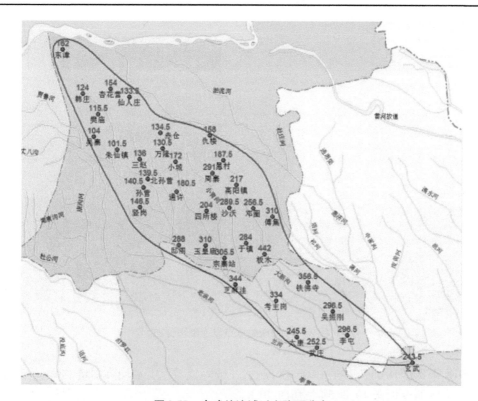

图 2-77 玄武站流域以上降雨分布

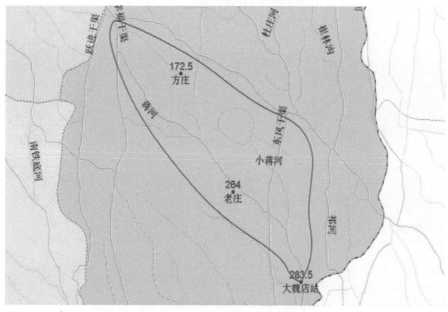

图 2-78 大魏店站流域以上降雨分布

柿园站流域以上降雨分布如图 2-79 所示。

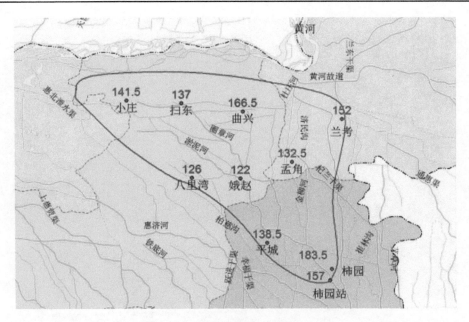

图 2-79　柿园站流域以上降雨分布

(十一)大王庙

2018 年 8 月 18 日 7 时至 19 日 18 时,大王庙站流域以上平均降雨量 145 mm,主要降雨为 8 月 18 日 9 时至 19 日 5 时,历时 20 h。

大王庙站流域以上降雨分布如图 2-80 所示。

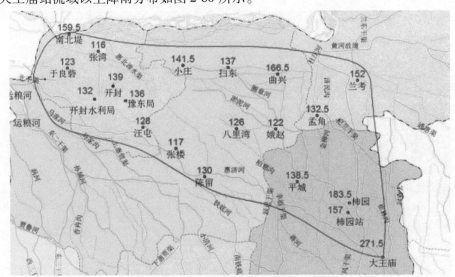

图 2-80　大王庙站流域以上降雨分布

(十二)邸阁

2018 年 8 月 18 日 7 时至 19 日 16 时,邸阁站流域以上平均降雨量 145 mm,主要降雨为 8 月 18 日 9 时至 19 日 6 时,历时 21 h。

邸阁站流域以上降雨分布如图 2-81 所示。

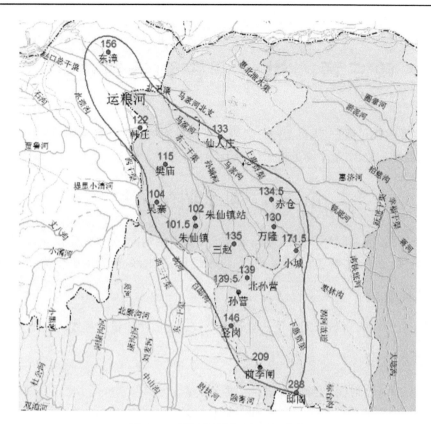

图 2-81　邸阁站流域以上降雨分布

第三章　洪水调查和计算成果

本章主要收集了商丘、周口、开封、濮阳市开展的河流水利工程调查,并对区域内的净雨深、流域径流系数、水量平衡进行了计算等。

第一节　洪水调查方法

根据站网(巡测站网)分布及收集、调查水文资料的情况,分别制定洪水计算方法,确定分析河流(断面)的洪峰流量、洪水总量、洪水过程、净雨深、径流系数、出境水量等。

一、洪峰流量

根据实测(巡测)资料采用水位—流量关系或者连实测流量过程线法求得。

二、洪水总量

根据实测水位(时间)资料,计算本次洪水总量。

$$W_{\mathrm{m}} = Q \times T \tag{3-1}$$

式中　Q——时段平均流量,m^3/s;

　　　T——计算时段,s。

三、洪水过程

绘制综合水位、流量、雨量过程线。

四、净雨深、径流系数计算

净雨深

$$R = \frac{W_{\mathrm{m}}}{A \times 1\,000} \tag{3-2}$$

式中　W_{m}——洪水总量,m^3;

　　　A——流域面积,km^2。

径流系数

$$a = \frac{R}{P} \tag{3-3}$$

式中　R——净雨深,mm;

　　　P——流域面雨量,mm。

五、出境水量

出境水量

$$W_c = \frac{W_m}{A} \times A_c \qquad (3-4)$$

式中　A_c——出境面积，km^2；

其余符号意义同前。

六、水量平衡分析

各区域水量平衡按下式计算：

$$W_P = W_c - W_r + W_E + W_x + W_D + W_T \qquad (3-5)$$

式中　W_P——区域降水量，m^3，$W_P = A \times P$；

W_c——出境水量，m^3；

W_r——入境水量，m^3；

W_E——植物蒸散发水量，m^3，$W_E = E \times T$，E 为水面蒸发量；T 为时段长；

W_x——区域蓄水变量（各闸总和），m^3；

W_D——本次降雨补充地下水量，m^3；

W_T——本次降雨补充土壤水量，m^3。

第二节　洪水调查计算成果

一、商丘

（一）包河孙庄站

包河孙庄站 17 日 20 点开始涨水，20 日 2 点水位达到最高 49.84 m，断面下游有工程土坝一座及宁陈庄闸一座，影响流量测验，其间共实测流量 6 次，20 日 06:30 分实测流量最大 27.1 m^3/s（历史第二，2004 年 32.5 m^3/s），25 日 24 时结束，历时 8 天。

包河孙庄站洪水总量 $W_m = 0.069\ 3$ 亿 m^3，净雨深 $R = 82.2$ mm，该流域径流系数 $a = R/P = 82.2/348 = 0.236$。

包河孙庄站水位、流量过程线如图 3-1 所示。

（二）浍河黄口集站

浍河黄口集站 18 日 17:30 分开始涨水，闸门全部提出水面，21 日 6 时水位达到最高 28.18 m，其间共实测流量 3 次，21 日 07:40 分流量最大，达 65.2 m^3/s，23 日 12 时结束，闸门全关，历时 5 天。

浍河黄口集站洪峰流量 $Q_m = 65.2$ m^3/s，洪水总量 $W_m = 0.209\ 3$ 亿 m^3（含蓄水变量），净雨深 $R = 17.4$ mm，该流域径流系数 $a = R/P = 17.4/210 = 0.083$。

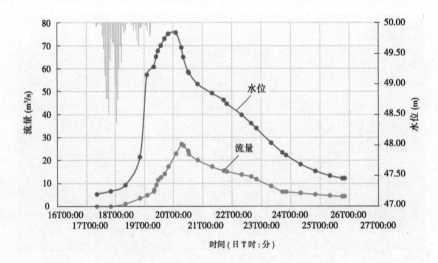

图 3-1　包河孙庄站水位、流量过程线

浍河黄口集站水位、流量过程线如图 3-2 所示。

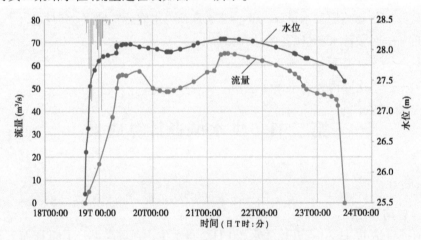

图 3-2　浍河黄口集站水位、流量过程线

（三）沱河永城站

沱河永城站 18 日 10:30 开始涨水,闸门全部提出水面,其间共实测流量 8 次,19 日 20:00 实测流量最大,达 327 m³/s,20 日 0 时水位达到最高,达 32.60 m,27 日 07:12 结束,闸门全关,历时 9 天。

沱河永城站洪水总量 $W_m = 1.2190$ 亿 m³(含蓄水变量),净雨深 $R = 54.5$ mm,该流域径流系数 $a = R/P = 54.5/309 = 0.176$。

沱河永城站水位、流量过程线如图 3-3 所示。

（四）惠济河砖桥站

惠济河砖桥站 18 日 08:30 开始涨水,闸门全部提出水面,其间共实测流量 8 次,19 日 10:06 实测流量最大,达 155 m³/s,19 日 22 时最高水位 40.15 m,26 日 17:48 结束,闸门全关,历时 8 天。

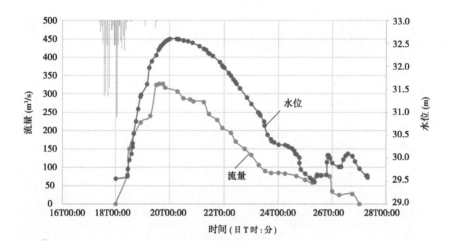

图 3-3　沱河永城站水位、流量过程线

惠济河砖桥站洪水总量 $W_m = 0.435\,4$ 亿 m^3（含蓄水变量），净雨深 $R = 12.8$ mm，该流域径流系数 $a = R/P = 12.8/215 = 0.060$。

惠济河砖桥站水位、流量过程线如图 3-4 所示。

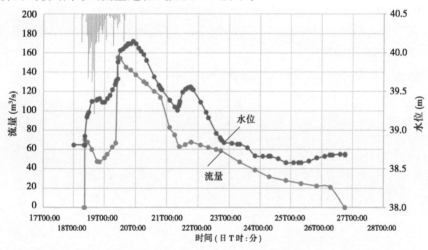

图 3-4　惠济河砖桥站水位、流量过程线

（五）王引河李黑楼站

王引河李黑楼站 18 日 07:30 开始涨水，闸门全部提出水面，其间共实测流量 4 次，19 日 14:55 实测流量最大，达 182 m^3/s，19 日 14:55 水位达到最高 37.61 m，25 日 17:00 结束，闸门全关，历时 7 天。

王引河李黑楼站洪峰流量 $Q_m = 182$ m^3/s，洪水总量 $W_m = 0.759\,0$ 亿 m^3，净雨深 $R = 79.1$ mm，该流域径流系数 $a = R/P = 79.1/281 = 0.281$。

王引河李黑楼站水位、流量过程线如图 3-5 所示。

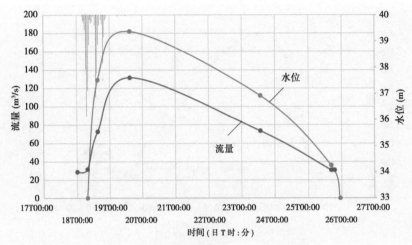

图 3-5　王引河李黑楼站水位、流量过程线

(六)大沙河包公庙站

大沙河包公庙站 19 日 01:00 开始涨水,闸门全部提出水面,其间共实测流量 9 次,20 日 09:50 实测流量最大,达 167 m^3/s,20 日 09:50 水位达到最高 41.12 m,23 日 20:00 结束,历时 4 天。

大沙河包公庙站洪水总量 $W_m = 0.375\ 3$ 亿 m^3,净雨深 $R = 30.4$ mm,该流域径流系数 $a = R/P = 30.4/307 = 0.099$。

大沙河包公庙站水位、流量过程线如图 3-6 所示。

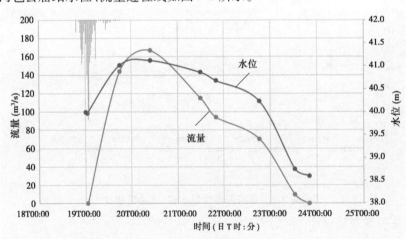

图 3-6　大沙河包公庙站水位、流量过程线

(七)成果汇总

本次洪水各站要素统计如表 3-1 所示。

各站特征值统计如表 3-2 所示。

表 3-1　本次洪水各站要素统计

序号	站名	所在河流	洪峰流量（m³/s）	洪水总量（亿 m³）	净雨深（mm）	径流系数
1	孙庄	包河	27.1	0.069 3	82.2	0.236
2	黄口集	浍河	65.2	0.209 3	17.4	0.083
3	永城	沱河	327	1.219 0	54.5	0.176
4	砖桥	惠济河	155	0.435 4	12.8	0.060
5	李黑楼	王引河	182	0.759 0	79.1	0.281
6	包公庙	大沙河	167	0.375 3	30.4	0.099

表 3-2　各站特征值统计

序号	站名	水位（m）	发生时间（年-月-日）	流量（m³/s）	发生时间（年-月-日）	日雨量（mm）	发生时间（年-月-日）	1 h雨量（mm）	发生时间（年-月-日）
1	砖桥	历史最高		历史最大		历史最大		历史最大	
		43.5	1957-07-22	914	1957-07-22	271.1	1999-07-15	81.1	1987-08-06
		本次最高		本次最大		本次最大		本次最大	
		40.39	2018-08-21	155	2018-08-19	156.1	2018-08-18	30.6	2018-08-18
2	睢县	历史最高		历史最大		历史最大		历史最大	
		55.38	1976-08-19	97.6	2000-07-05	182.9	2004-07-16	95.1	2000-07-23
		本次最高		本次最大		本次最大		本次最大	
		53.2	2018-08-19	8.48	2018-08-19	320.2	2018-08-18	44.7	2018-08-18
3	李集	历史最高		历史最大		历史最大		历史最大	
		40.98	2000-07-23	69.4	1982-07-23	215.5	2004-07-16		
		本次最高		本次最大		本次最大		本次最大	
		40.62	2018-08-18	72.8	2018-08-18	308.3	2018-08-18	54.1	2018-08-18
4	孙庄	历史最高		历史最大		历史最大		历史最大	
		48.12	2004-08-27	32.5	2004-08-28	176.2	2004-07-12	88.8	1979-08-06
		本次最高		本次最大		本次最大		本次最大	
		49.84	2018-08-20	27.1	2018-08-20	304.8	2018-08-19	78.5	2018-08-18
5	永城	历史最高		历史最大		历史最大		历史最大	
		34.79	1963-08-09	888	1976-08-19	265	1997-07-17	98.8	1995-07-08
		本次最高		本次最大		本次最大		本次最大	
		32.6	2018-08-20	327	2018-08-19	103.4	2018-08-19	41	2018-08-18
6	黄口集	历史最高		历史最大		历史最大		历史最大	
		31.23	1957-07-14	635	2000-10-18	269.7	1996-06-16	78.5	2001-06-17
		本次最高		本次最大		本次最大		本次最大	
		28.18	2018-08-21	65.2	2018-08-21	78	2018-08-17	26.7	2018-08-18

永城站、黄口集站、砖桥站、孙庄站、李集站、睢县站实测流量和历年水位—流量关系对比分别如图 3-7 ~ 图 3-12 所示。

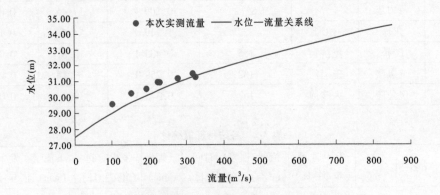

图 3-7   永城站实测流量和历年水位—流量关系对比

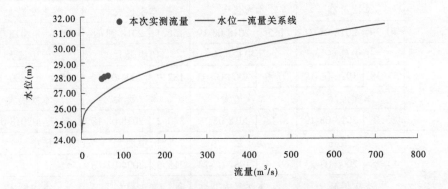

图 3-8   黄口集站实测流量和历年水位—流量关系对比

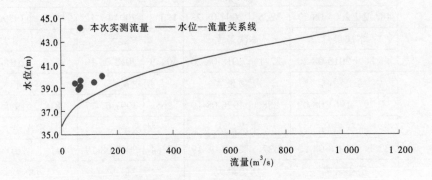

图 3-9   砖桥站实测流量和历年水位—流量关系对比

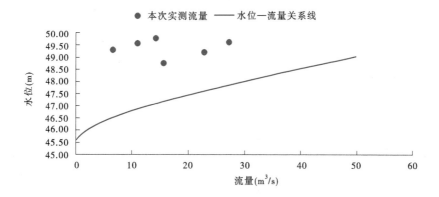

图 3-10　孙庄站实测流量和历年水位—流量关系对比

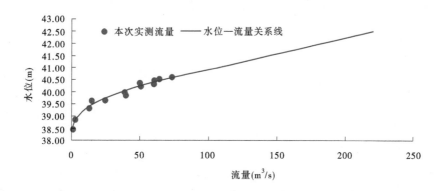

图 3-11　李集站实测流量和历年水位—流量关系对比

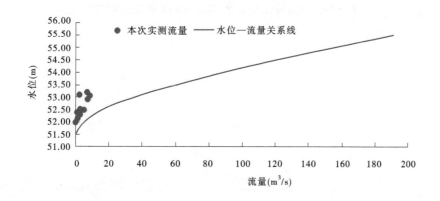

图 3-12　睢县站实测流量和历年水位—流量关系对比

永城闸、李集站、孙庄站最大、次大、本次洪水流量过程线对比分别如图 3-13 ~ 图 3-15 所示。

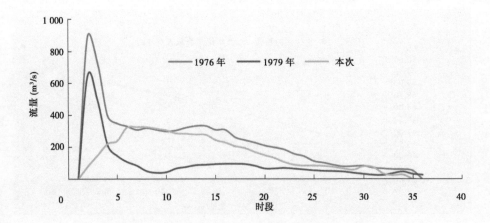

图 3-13   永城闸站最大、次大、本次洪水流量过程线对比

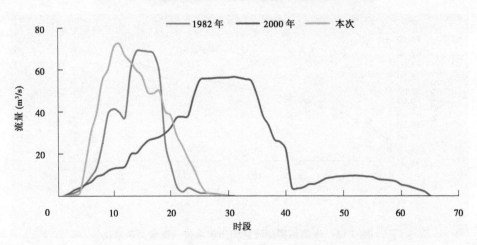

图 3-14   李集站最大、次大、本次洪水流量过程线对比

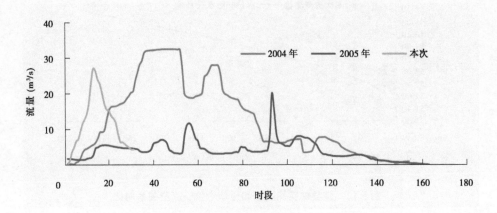

图 3-15   孙庄站最大、次大、本次洪水流量过程线对比

二、周口

（一）贾鲁河扶沟站

贾鲁河扶沟站 20 日 0 时水位开始起涨,23 日 16 时达到最高 57.02 m,23 日 16 时流量最大,达 59.0 m³/s,27 日 6 时结束,历时 174 h。

贾鲁河扶沟站洪峰流量 $Q_m = 59.0$ m³/s,洪水总量 $W_m = 0.335\ 4$ 亿 m³,径流深 $R = 5.9$ mm,面平均雨量 $P = 105.4$ mm,该流域径流数:$a = R/P = 5.9/105.4 = 0.056$。

贾鲁河扶沟站水位、流量过程线如图 3-16 所示。

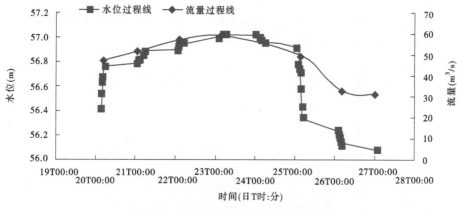

图 3-16　贾鲁河扶沟站水位、流量过程线

（二）泉河沈丘站

泉河沈丘站 18 日 16 时水位开始起涨,20 日 2 时达到最高 33.98 m,20 日 0 时 51 分流量最大,达 254 m³/s,24 日 0 时结束,历时 128 h。

泉河沈丘站洪峰流量 $Q_m = 254$ m³/s,洪水总量 $W_m = 0.690\ 4$ 亿 m³,径流深 $R = 22.3$ mm,面平均雨量 $P = 147$ mm,该流域径流系数:$a = R/P = 22.3/147 = 0.152$。

泉河沈丘站水位、流量过程线如图 3-17 所示。

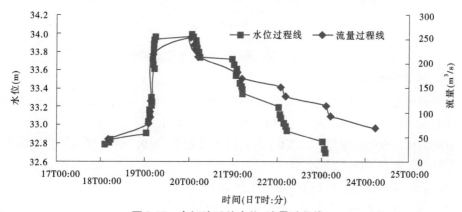

图 3-17　泉河沈丘站水位、流量过程线

（三）沙颍河周口站

沙颍河周口站 20 日 10 时水位开始起涨,26 日 6 时达到最高 43.48 m,26 日 6 时 47 分流量最大,达 201 m³/s,28 日 0 时结束,历时 182 h。

沙颍河周口站洪峰流量 Q_m = 201 m³/s,洪水总量 W_m = 0.939 3 亿 m³,径流深 R = 3.6 mm,面平均雨量 P = 79.5 mm,该流域径流系数:a = R/P = 3.6/79.5 = 0.045。

（四）汾河周庄站

汾河周庄站上游周庄闸 19 日 6 时开闸放水,19 日 10 时 40 分水位达到最高 41.01 m,19 日 10 时 40 分流量最大,达 194 m³/s,27 日 10 时关闸,历时 196 h。

汾河周庄站洪峰流量 Q_m = 194 m³/s,洪水总量 W_m = 0.185 7 亿 m³,径流深 R = 14.1 mm,面平均雨量 P = 152.4 mm,该流域径流系数 a = R/P = 14.1/152.4 = 0.093。

汾河周庄站水位、流量过程线如图 3-18 所示。

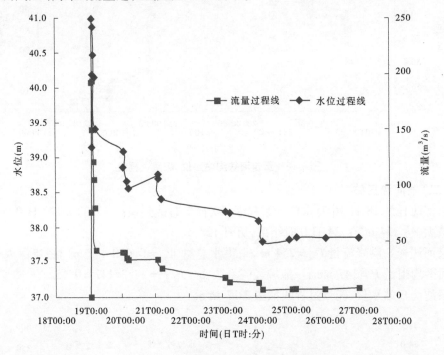

图 3-18　汾河周庄站水位、流量过程线

（五）颍河黄桥站

颍河黄桥站 18 日 12 时水位开始起涨,19 日 18 时 54 分达到最高 49.05 m,20 日 7 时 46 分流量最大,达 82.6 m³/s,24 日 8 时结束,历时 140 h。

颍河黄桥站洪峰流量 Q_m = 82.6 m³/s,洪水总量 W_m = 0.284 2 亿 m³,径流深 R = 4.2 mm,面平均雨量 P = 79.1 mm,该流域径流系数:a = R/P = 4.2/79.1 = 0.053。

颍河黄桥站水位、流量过程线如图 3-19 所示。

（六）黑河周堂桥站

黑河周堂桥站 17 日 20 时水位开始起涨,20 日 17 时 54 分达到最高 38.39 m,17 日 23 时 46 分流量最大,达 1.81 m³/s,20 日 12 时结束,历时 64 h。

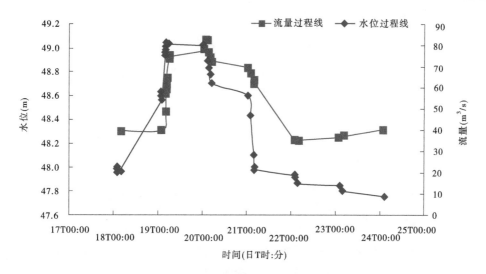

图 3-19 颍河黄桥站水位、流量过程线

黑河周堂桥站洪峰流量 $Q_m = 1.81$ m³/s,洪水总量 $W_m = 0.004\ 2$ 亿 m³,径流深 $R = 0.5$ mm,面平均雨量 $P = 79.1$ mm,该流域径流系数:$a = R/P = 0.5/79.1 = 0.006$。

黑河周堂桥站水位、流量过程线如图 3-20 所示。

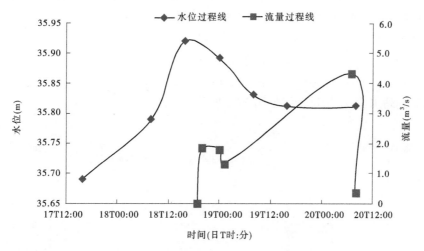

图 3-20 黑河周堂桥站水位、流量过程线

(七)新蔡河钱店站

新蔡河钱店站 17 日 19 时水位开始起涨,19 日 11 时 35 分达到最高 38.81 m,19 日 13 时 46 分流量最大,达 9.82 m³/s,24 日 3 时结束,历时 152 h。

新蔡河钱店站洪峰流量 $Q_m = 9.82$ m³/s,洪水总量 $W_m = 0.006\ 0$ 亿 m³,径流深 $R = 4.3$ mm,面平均雨量 $P = 206.7$ mm,该流域径流系数:$a = R/P = 4.3/206.7 = 0.021$。

新蔡河钱店站水位、流量过程线如图 3-21 所示。

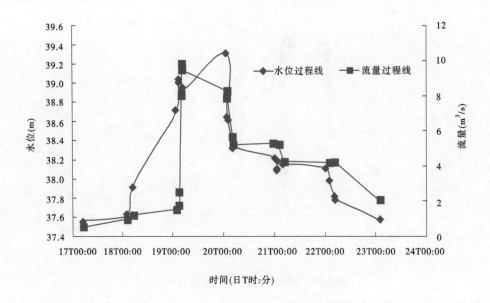

图 3-21   新蔡河钱店站水位、流量过程线

(八)涡河玄武站

涡河玄武站上游玄武闸 20 日 14 点开闸,21 日 23 时 40 分水位达到最高 37.98 m,21 日 0 时流量最大,达 59.5 m³/s,25 日 9 时 32 分关闸结束,历时 115 h。

涡河玄武站洪峰流量 $Q_m = 59.5$ m³/s,洪水总量 $W_m = 0.053\ 5$ 亿 m³,白沟河时口站分水量 $W_m = 0.017\ 2$ 亿 m³,闸上蓄水变量 $\Delta W = 0.012\ 3$ 亿 m³,洪水总量 $W_m = 0.083\ 0$ 亿 m³,径流深 $R = 2.1$ mm,该流域径流系数: $a = R/P = 2.1/222 = 0.009$。

涡河玄武站水位、流量过程线如图 3-22 所示。

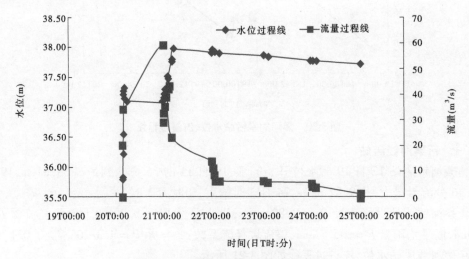

图 3-22   涡河玄武站水位、流量过程线

(九)沙颍河槐店站

沙颍河槐店站 18 日 20 时水位开始起涨,19 日 23 时达到最高 32.97 m,19 日 16 时流量最大,达 338 m³/s,23 日 13 时 30 分水位结束,历时 113 h。

沙颍河槐店站洪峰流量 $Q_m = 338$ m³/s,洪水总量 $W_m = 0.7629$ 亿 m³,径流深 $R = 27.2$ mm,面平均雨量 $P = 124.0$ mm,该流域径流系数:$a = R/P = 27.2/124.0 = 0.219$。

沙颍河槐店站水位、流量过程线如图 3-23 所示。

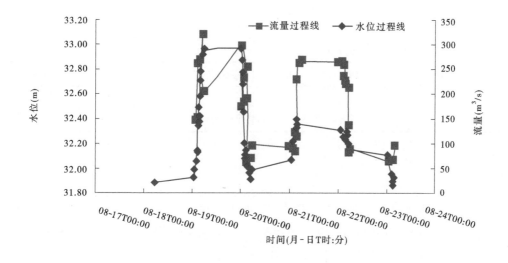

图 3-23 沙颍河槐店站水位、流量过程线

(十)成果汇总

对各站水文要素进行统计,数据统计见表 3-3 ~ 表 3-5。

表 3-3 本次洪水各站要素统计

序号	站名	所在河流	洪峰流量(m³/s)	洪水总量(亿 m³)	净雨深(mm)	径流系数
1	槐店	沙颍河	338	0.7629	27.2	0.219
2	玄武	涡河	59.5	0.0535	1.3	0.009
3	黄桥	颍河	82.6	0.2842	4.2	0.053
4	周庄	汾河	194	0.1857	14.1	0.093
5	周口	沙颍河	201	0.9393	3.6	0.045
6	沈丘	泉河	254	0.6904	22.3	0.152
7	扶沟	贾鲁河	59.0	0.3354	5.9	0.056
8	周堂桥	黑河	1.81	0.0042	0.5	0.006
9	钱店	新蔡河	9.82	0.0060	4.3	0.021

表 3-4　各站径流系数统计

站名	时间（年-月）	径流系数	时间（年-月）	径流系数	时间（年-月）	径流系数	平均径流系数	本次降水径流系数
周口	1975-08	0.11	2000-07	0.100	2010-09	0.032	0.08	0.05
槐店	1975-08	0.32	1982-08	0.040	2000-07	0.100	0.15	0.22
沈丘	1975-08	0.24	1980-06	0.120	1984-07	0.040	0.13	0.15
黄桥	1975-08	0.26	2000-09	0.040	2010-09	0.015	0.11	0.05
周庄	1984-09	0.04	2000-07	0.060	2007-07	0.060	0.05	0.09
扶沟	1956-08	0.32	1957-07	0.019	1963-08	0.010	0.12	0.06
玄武	1965-07	0.03	1971-07	0.06	2000-07	0.110	0.07	0.01

表 3-5　各站特征值统计

序号	站名	水位（m）	发生时间（年-月-日）	流量（m³/s）	发生时间（年-月-日）	日雨量（mm）	发生时间（年-月-日）	1 h雨量（mm）	发生时间（年-月-日）
1	周口	历史最高		历史最大		历史最大		历史最大	
		50.15	1943-08-11	3 450	1975-08-09	205.7	1947-07-05	80.6	1979-08-05
		本次最高		本次最大		本次最大		本次最大	
		43.48	2018-08-26	201	2018-08-26	189.0	2018-08-18	30.5	2018-08-18
2	沈丘	历史最高		历史最大		历史最大		历史最大	
		38.73	1975-08-16	830	1984-07-26	280.9	1972-07-01	95.7	1975-06-20
		本次最高		本次最大		本次最大		本次最大	
		33.98	2018-08-20	254	2018-08-20	67.0	2018-08-18	17.0	2018-08-18
3	钱店	历史最高		历史最大		历史最大		历史最大	
		40.41	1976-01-10	137	1984-09-08	195.6	1972-07-01	58.3	1988-07-23
		本次最高		本次最大		本次最大		历史最大	
		38.81	2018-08-19	9.82	2018-08-19	135.5	2018-08-18	29.5	2018-08-18
4	周庄	历史最高		历史最大		历史最大		历史最大	
		46.20	1975-08-15	380	1984-09-07	255.0	1975-08-04	85.2	1997-07-16
		本次最高		本次最大		本次最大		本次最大	
		41.00	2018-08-19	194	2018-08-19	134.5	2018-08-18	18.0	2018-08-18
5	扶沟	历史最高		历史最大		历史最大		历史最大	
		58.07	2000-07-09	720	1956-08-07	227.8	1999-07-05	104.7	1992-08-01
		本次最高		本次最大		本次最大		本次最大	
		57.02	2018-08-23	59.0	2018-08-23	208.0	2018-08-18	23.0	2018-08-18

续表 3-5

序号	站名	水位（m）	发生时间（年-月-日）	流量（m³/s）	发生时间（年-月-日）	日雨量（mm）	发生时间（年-月-日）	1 h雨量（mm）	发生时间（年-月-日）
6	玄武	历史最高		历史最大		历史最大		历史最大	
		45.18	1965-07-18	477	1965-07-18	267.2	1999-07-05	73.7	1993-08-04
		本次最高		本次最大		本次最大		本次最大	
		37.98	2018-08-21	59.5	2018-08-21	178.5	2018-08-18	28.5	2018-08-18
7	槐店	历史最高		历史最大		历史最大		历史最大	
		40.31	1975-08-09	3 160	1975-08-09	317.5	1972-07-11	70.5	1975-06-20
		本次最高		本次最大		本次最大		本次最大	
		32.97	2018-08-19	338	2018-08-19	111.5	2018-08-18	19.0	2018-08-18
8	周堂桥	历史最高		历史最大		历史最大		历史最大	
		42.10	1963-08-08	380	2000-07-16	170.2	1999-07-05	85.0	1985-08-10
		本次最高		本次最大		本次最大		本次最大	
		38.39	2018-08-20	1.81	2018-08-17	113.0	2018-08-18	30.5	2018-08-18
9	黄桥	历史最高		历史最大		历史最大		历史最大	
		54.54	1975-08-12	1 140	1975-08-12	256.1	1994-08-26	82.2	1994-08-26
		本次最高		本次最大		本次最大		本次最大	
		49.05	2018-08-19	82.6	2018-08-20	121.5	2018-08-18	21.0	2018-08-18

各站实测流量和历年水位—流量关系对比分别如图 3-24 ~ 图 3-30 所示。

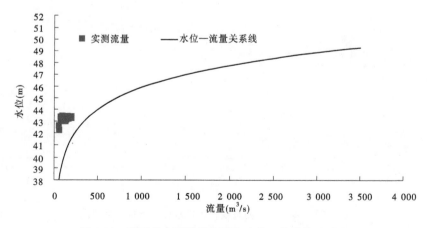

图 3-24 周口站实测流量和历年水位—流量关系对比

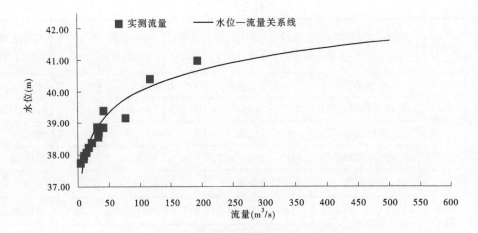

图 3-25　周庄站实测流量和历年水位—流量关系对比

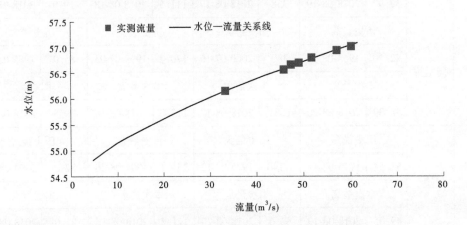

图 3-26　扶沟站实测流量和历年水位—流量关系对比

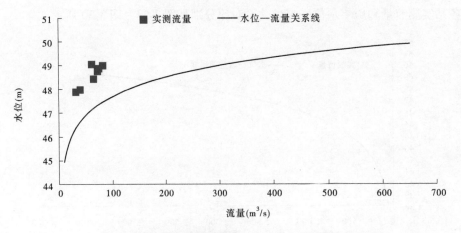

图 3-27　黄桥站实测流量和历年水位—流量关系对比

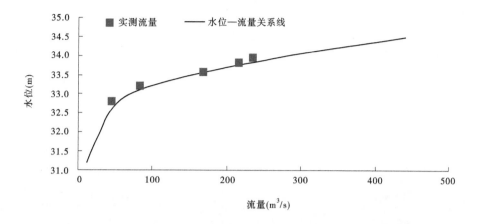

图 3-28　沈丘站实测流量和历年水位—流量关系对比

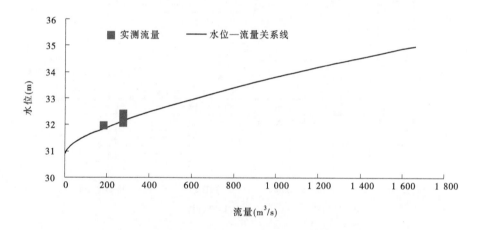

图 3-29　槐店站实测流量和历年水位—流量关系对比

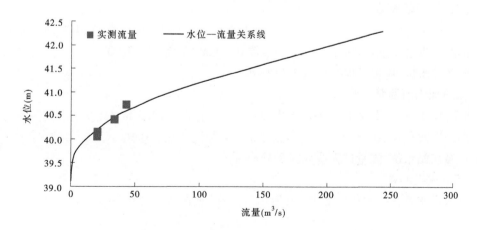

图 3-30　玄武站实测流量和历年水位—流量关系对比

三、开封

(一)惠济河大王庙站

8 月 15 日至 8 月 24 日共测流 9 次,最大洪峰流量为 75.1 m³/s,发生时间为 8 月 19日。大王庙站洪水总量 0.101 3 亿 m³,径流深 8.0 mm。径流系数 0.055。

大王庙站水位、流量过程线如图 3-31 所示。

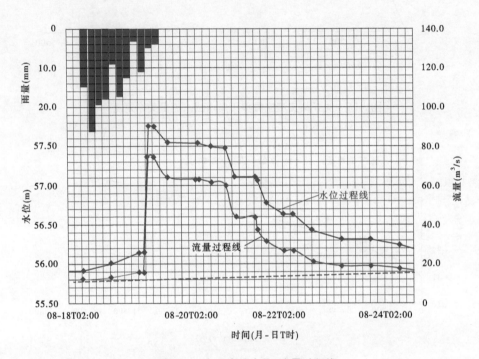

图 3-31　大王庙站水位、流量过程线

(二)涡河邸阁站

8 月 19 日至 8 月 23 日共测流 4 次,最大洪峰流量为 1.10 m³/s,发生时间为 8 月 20日。邸阁站洪水总量 0.002 5 亿 m³,径流深 0.3 mm,径流系数 0.002。

邸阁站水位、流量过程线如图 3-32 所示。

(三)康沟河西黄庄站

8 月 14 日至 8 月 28 日共测流 5 次,最大洪峰流量为 12.3 m³/s,发生时间为 8 月 20日。断面洪水量 0.009 8 亿 m³,径流深 2.2 mm,径流系数 0.020。

西黄庄站水位、流量过程线如图 3-33 所示。

(四)成果汇总

本次洪水各站要素统计如表 3-6 所示,各站特征值统计如表 3-7 所示。

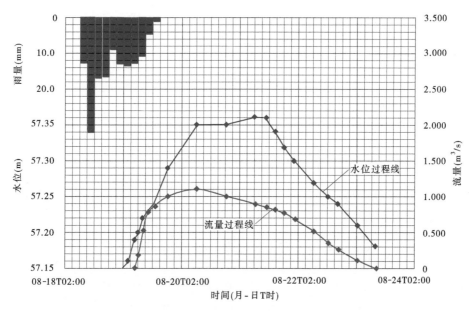

图 3-32 邸阁站水位、流量过程线

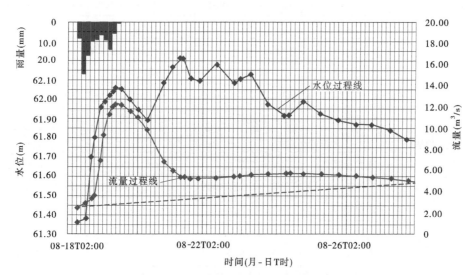

图 3-33 西黄庄站水位、流量过程线

表 3-6 本次洪水各站要素统计

序号	站名	所在河流	洪峰流量（m³/s）	发生时间（月-日）	洪水总量（亿 m³）	面积（km²）	净雨深（mm）	面雨量（mm）	径流系数
1	大王庙	惠济河	75.1	08-19	0.101 3	1 265	8.0	145	0.055
2	邸阁	涡河	1.10	08-19	0.002 5	898	0.3	145	0.002
3	西黄庄	康沟河	12.3	08-19	0.009 8	454	2.2	109	0.020

表 3-7　各站特征值统计

序号	站名	水位 (m)	发生时间 (年-月-日)	流量 (m³/s)	发生时间 (年-月-日)	日雨量 (mm)	发生时间 (年-月-日)	1 h 雨量 (mm)	发生时间 (年-月-日)
1	大王庙	历史最高		历史最大		历史最大		历史最大	
		60.06	1971-06-30	303	1977-07-11	231.1	1963	77.0	1985-08-03
		本次最高		本次最大		本次最大		本次最大	
		57.76	2018-08-19	75.1	2018-08-19	247.5	2018-08-18	29.0	2018-08-18
2	邸阁	历史最高		历史最大		历史最大		历史最大	
		60.68	2000-07-07	117	2000-07-07	303.9	2004-07-16	72.4	1985-07-14
		本次最高		本次最大		本次最大		本次最大	
		57.36	2018-08-18	1.10	2018-08-19	272.5	2018-08-18	32.5	2018-08-18
3	西黄庄	历史最高		历史最大		历史最大		历史最大	
		64.49	2000-07-06	133	1967-07-12	202.4	2000-07-04	66.8	1977-08-12
		本次最高		本次最大		本次最大		本次最大	
		62.21	2018-08-21	12.3	2018-08-19	151	2018-08-18	16.0	2018-08-18
4	柿园	历史最高		历史最大		历史最大		历史最大	
		—	—	—	—	—	—	—	—
		本次最高		本次最大		本次最大		本次最大	
		58.48	2018-08-19	63.1	2018-08-19	171.5	2018-08-18	20.5	2018-08-18
5	大魏店	历史最高		历史最大		历史最大		历史最大	
		—	—	—	—	—	—	—	—
		本次最高		本次最大		本次最大		本次最大	
		56.35	2018-08-19	9.6	2018-08-19	267.5	2018-08-18	37.5	2018-08-18
6	南庄	历史最高		历史最大		历史最大		历史最大	
		—	—	—	—	—	—	—	—
		本次最高		本次最大		本次最大		本次最大	
		58.41	2018-08-20	5.0	2018-08-20	147.5	2018-08-18	24.5	2018-08-18

　　各站实测流量与综合报汛曲线对比分别如图 3-34 ～ 图 3-36 所示。大王庙站历次面雨量与径流深对比分别如图 3-37、图 3-38 所示。

四、濮阳

(一)马颊河南乐站

　　马颊河南乐站 18 日 21 时开始涨水,19 日 15 时水位达到最高 44.79 m,19 日 13:53 流量最大,达 73.2 m³/s,24 日 2 时结束,历时 6 天。本次暴雨洪水过程之前,马颊河平邑闸有少量蓄水,根据水位变幅、河道断面和河底坡降进行计算,约为 0.003 0 亿 m³,应在径

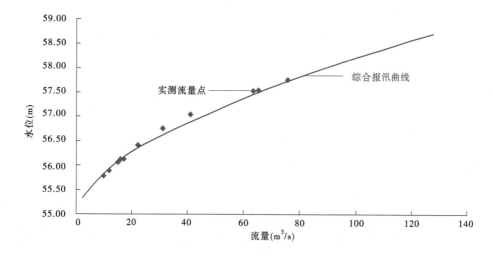

图 3-34　大王庙站实测流量与综合报汛曲线对比

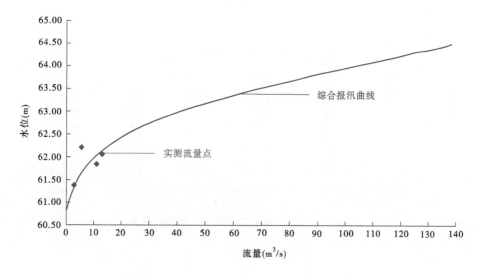

图 3-35　邸阁站实测流量与综合报汛曲线对比

流量中扣除。

洪水总量 $W_m = 0.052\,9$ 亿 m³,净雨深 $R = 4.5$ mm,该流域径流系数 $a = R/P = 4.5/114.7 = 0.039$。

马颊河南乐站水位、流量过程线如图 3-39 所示。

(二)金堤河濮阳站

濮阳站 19 日 12 时开始涨水,19 日 15:42 流量最大,达 34.2 m³/s,16:06 水位达到最高 50.74 m,29 日 20 时结束,历时 10 天。

洪水总量 $W_m = 0.103\,9$ 亿 m³,净雨深 $R = 3.2$ mm,该流域径流系数 $a = R/P = 3.2/148.4 = 0.022$。

金堤河濮阳站水位流量过程线如图 3-40 所示。

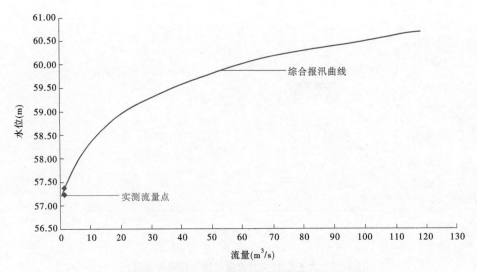

图 3-36　西黄庄站实测流量与综合报汛曲线对比

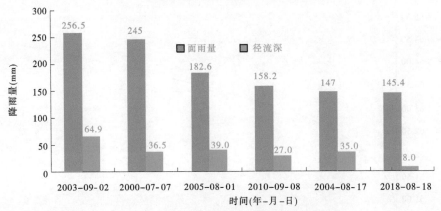

图 3-37　大王庙站历次面雨量与径流深对比

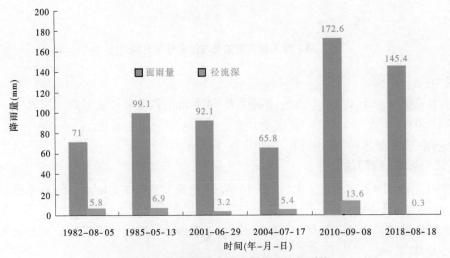

图 3-38　邸阁站历次面雨量与径流深对比

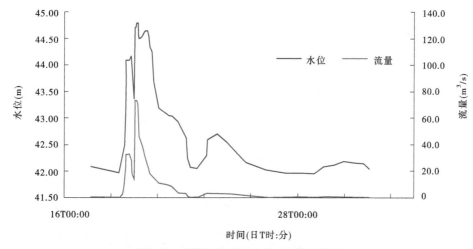

图 3-39　马颊河南乐站水位、流量过程线

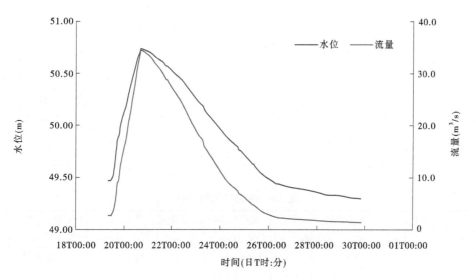

图 3-40　金堤河濮阳站水位、流量过程线

(三)金堤河范县站

金堤河范县水文站 19 日 08:00 开始涨水,19 日 10:06 流量最大,达 82.6 m³/s,23 日 8 时水位达到最高 45.61 m,9 月 1 日 0 时结束,历时 11 天。

洪水总量 $W_m = 0.4543$ 亿 m³,净雨深 $R = 10.6$ mm,该流域径流系数 $a = R/P = 10.6/158.4 = 0.067$。

金堤河范县站水位—流量过程线如图 3-41 所示。

(四)成果汇总

各站水文要素等汇总如下。

本次洪水各站要素统计如表 3-8 所示,各站特征值统计如表 3-9 所示。

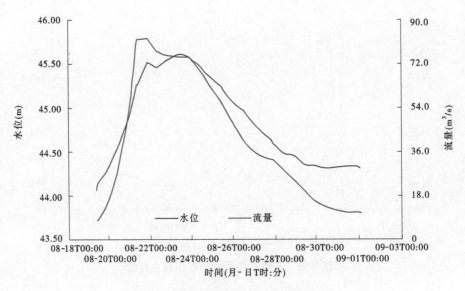

图 3-41　金堤河范县站水位、流量过程线

表 3-8　本次洪水各站要素统计

序号	站名	所在河流	洪峰流量（m³/s）	洪峰总量（亿 m³）	净雨深（mm）	径流系数
1	濮阳	金堤河	34.2	0.103 9	3.2	0.022
2	范县	金堤河	82.6	0.454 3	10.6	0.067
4	南乐	马颊河	73.2	0.052 9	4.5	0.039

表 3-9　各站特征值统计

序号	站名	水位（m）	发生时间（年-月-日）	流量（m³/s）	发生时间（年-月-日）	24 h 雨量（mm）	发生时间（年-月-日）	1 h 雨量（mm）	发生时间（年-月-日）
1	南乐站	历史最高		历史最大		历史最大		历史最大	
		47.34	1963-08-15	113	1984-08-11	—	—	—	—
		本次最高		本次最大		本次最大		本次最大	
		44.79	2018-08-19	73.2	2018-08-19	38.0	2018-08-19	19.0	2018-08-19
2	濮阳站	历史最高		历史最大		历史最大		历史最大	
		52.84	1963-08-09	483	1963-08-10	264.1	2000-07-04	—	
		本次最高		本次最大		本次最大		本次最大	
		50.75	2018-08-20	34.6	2018-08-20	134.0	2018-08-19	14.5	2018-08-19
3	范县站	历史最高		历史最大		历史最大		历史最大	
		46.83	1974-08-09	452	1974-08-09	266.5	1998-08-04	94.9	1993-08-04
		本次最高		本次最大		本次最大		本次最大	
		45.55	2018-08-22	82.6	2018-08-21	78.5	2018-08-19	30.5	2018-08-19

各站实测流量和历年水位—流量关系对比分别如图 3-42 ~ 图 3-44 所示。

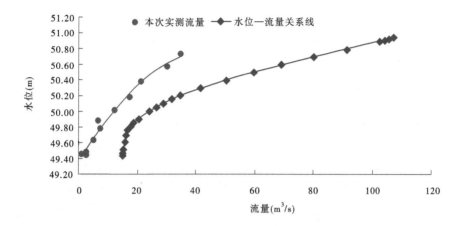

图 3-42 濮阳站实测流量和历年水位—流量关系对比

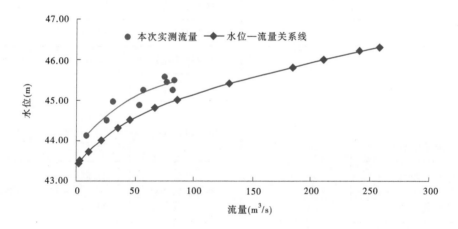

图 3-43 范县站实测流量和历年水位—流量关系对比

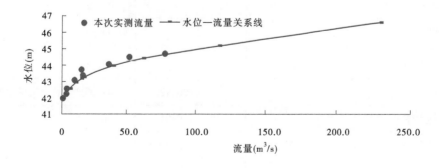

图 3-44 南乐站实测流量和历年水位—流量关系对比

第三节　巡测站测验成果

一、商丘

以下为商丘各巡测站流量成果和水位过程。

各巡测站站点实测流量如表 3-10 所示。

表 3-10　各巡测站站点实测流量

站名	河名	时间 （月-日 T 时:分）	水位(m)	流量(m³/s)
唐楼	太平沟	08-19T10:21	48.05	23.5
宁陵	清水河	08-19T12:36	53.88	4.38
柘城	废黄河	08-20T11:00	42.58	55.5
马桥	包河	08-19T11:25	31.80	101
马桥		08-19T11:05	32.12	122
马桥		08-23T10:03	31.03	56.5
马桥		08-25T14:25	30.57	19.1
李黑楼闸上	王引河	08-18T15:08	36.00	129
李黑楼闸下			35.55	
李黑楼闸上		08-19T14:03	37.85	182
李黑楼闸下			37.61	
李黑楼闸上		08-23T13:03	35.65	112
李黑楼闸下			35.57	
李黑楼闸上		08-25T16:03	34.58	36.1
李黑楼闸下			34.08	
杨大庄	东沙河	08-19T00:42	47.03	18.2
杨大庄		08-19T09:01	46.87	22.3
杨大庄		08-19T15:36	46.58	32.6
杨大庄		08-20T08:04	45.69	21.5
杨大庄		08-25T09:03	45.00	5.95

续表 3-10

站名	河名	时间 （月-日 T 时：分）	水位(m)	流量(m³/s)
大张庄	古宋河	08-18T17：01	47.73	19.3
大张庄		08-19T10：04	47.73	33.4
大张庄		08-19T18：01	47.73	38.9
大张庄		08-21T12：04	47.73	26.1
大张庄		08-22T17：03	47.29	14.7
大张庄		08-24T11：00	46.92	3.81
包公庙	大沙河	08-19T19：18	41.01	144
包公庙		08-20T11：00	41.12	167
包公庙		08-21T11：25	40.86	115
包公庙		08-21T19：02	40.68	94.3
包公庙		08-22T17：55	40.23	20.5
包公庙		08-23T12：00	38.75	9.76
包公庙		08-24T08：55	38.58	7.32
包公庙		08-25T08：25	38.73	10.8
包公庙		08-27T09：36	38.25	3.19
夏邑	沱河	08-19T13：00	37.23	18.1
夏邑		08-20T15：00	37.54	24.3
夏邑		08-21T16：00	37.01	30.2
夏邑		08-22T16：04	36.33	18.0
夏邑		08-25T10：03	36.38	5.99
郑阁（干渠）	黄河故道	08-19T12：03	57.20	1.86
郑阁（干渠）		08-20T15：03	57.18	1.49
郑阁（干渠）		08-21T18：00	57.13	1.38

各站水位过程线分别如图 3-45 ～ 图 3-50 所示。

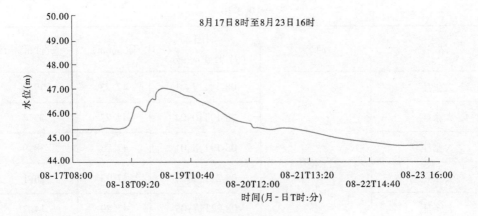

图 3-45　杨大庄站水位过程线

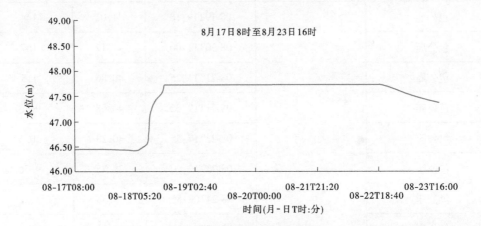

图 3-46　大张庄站水位过程线

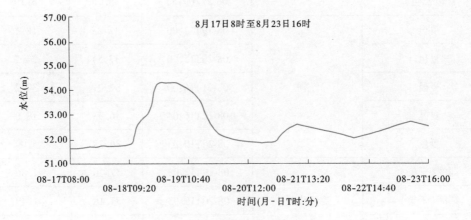

图 3-47　宁陵站水位过程线

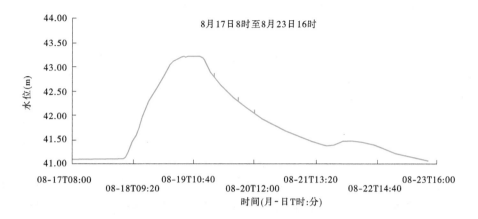

图 3-48　柘城站水位过程线

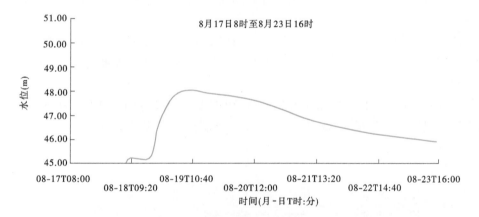

图 3-49　唐楼站水位过程线

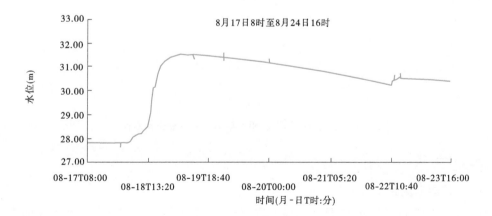

图 3-50　马桥站水位过程线

二、周口

"8·18"期间,周口市暴雨中心主要集中在鹿邑县、扶沟县、太康县,受暴雨影响,太康境内李屯站、武庄站、芝麻洼站水位变幅明显。尤其是上游商丘的径流来水,引起鹿邑县省界断面杜桥站、孙店站水位变幅明显。

李屯站 8 月 19 日 14 时水位开始起涨,20 日 15 时水位达到最高 45.98 m,20 日 16 时测得最大流量,44.1 m³/s,27 日 4 时结束。李屯站实测流量和历年水位—流量关系对比如图 3-51 所示。

武庄站 8 月 18 日 8 时水位开始起涨,19 日 0 时水位达到最高 45.70 m,19 日 10 时测得最大流量 8.06 m³/s,26 日 8 时结束。武庄站实测流量和历年水位—流量关系对比如图图 3-52 所示。

孙店站 8 月 19 日 4 时水位开始起涨,21 日 8 时水位达到最高 41.90 m,20 日 11 时测得最大流量 167 m³/s,27 日 8 时结束。孙店站实测流量和历年水位—流量关系对比如图 3-53 所示。

杜桥站 8 月 19 日 14 时水位开始起涨,20 日 22 时水位达到最高 40.08 m,20 日 23 时测得最大流量 31.7 m³/s,28 日 16 时结束。杜桥站实测流量和历年水位—流量关系对比如图 3-54 所示。

芝麻洼站 8 月 18 日 14 时水位开始起涨,19 日 8 时水位达到最高 53.30 m,19 日 10 时测得最大流量 0.723 m³/s,25 日 14 时结束。芝麻洼站实测流量和历年水位—流量关系对比如图 3-55 所示。

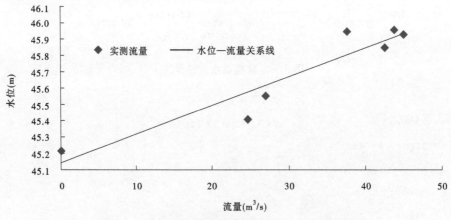

图 3-51　李屯站实测流量和历年水位—流量关系对比

三、开封

(一)柿园巡测站

该站 8 月 18 日至 8 月 23 日共测流 6 次,最大洪峰流量为 63.1 m³/s,发生时间为 8 月 19 日。柿园巡测站水位—流量过程线如图 3-56 所示

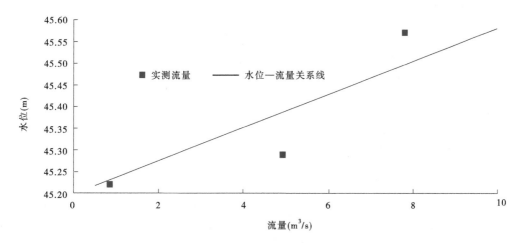

图 3-52 武庄站实测流量和历年水位—流量关系对比

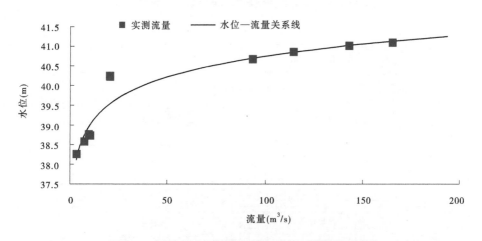

图 3-53 孙店站实测流量和历年水位—流量关系对比

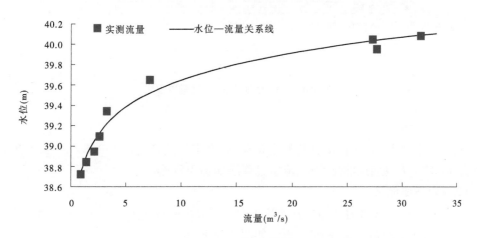

图 3-54 杜桥站实测流量和历年水位—流量关系对比

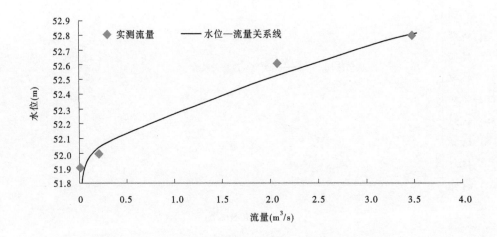

图 3-55　芝麻洼站实测流量和历年水位—流量关系对比

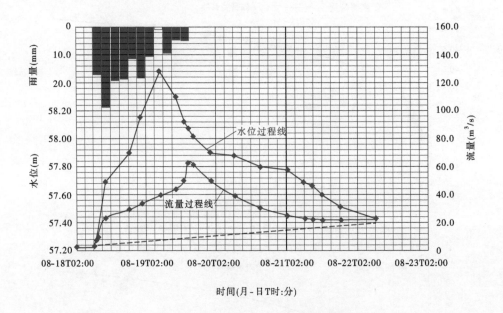

图 3-56　柿园巡测站水位、流量过程线

（二）大魏店巡测站

该站 8 月 18 日至 8 月 21 日共测流 6 次,最大实测洪峰流量为 9.60 m³/s,发生时间为 8 月 19 日。大魏店巡测站水位、流量过程线如图 3-57 所示。

（三）南庄巡测站

该站 8 月 18 日至 8 月 20 日,共测流 4 次。最大洪峰流量为 5.00 m³/s,发生时间为 8 月 20 日。南庄巡测站水位、流量过程线如图 3-58 所示。

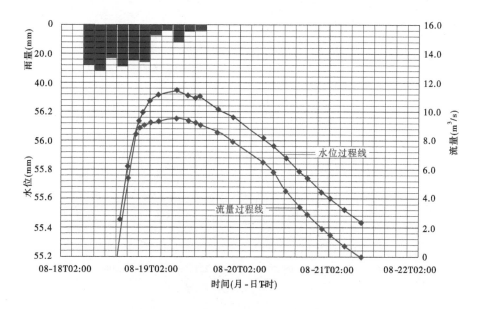

图 3-57 大魏店巡测站水位、流量过程线

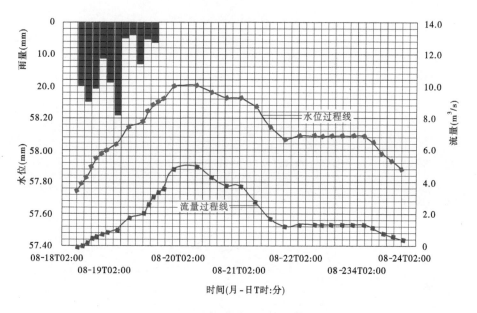

图 3-58 南庄巡测站水位、流量过程线

四、濮阳

各站水位、流量过程线分别如图 3-59 ~ 图 3-64 所示。

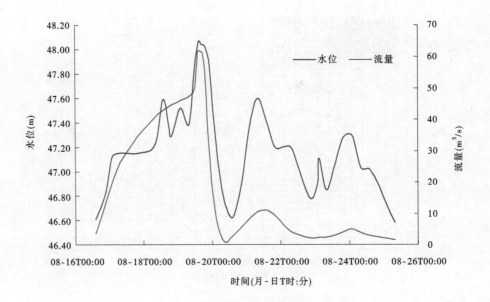

图 3-59　马颊河马庄桥站水位、流量过程线

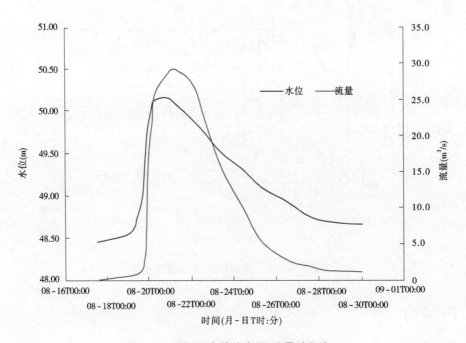

图 3-60　金堤河大韩站水位、流量过程线

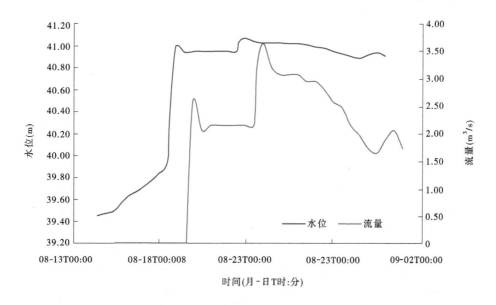

图 3-61　永顺沟良善站水位、流量过程线

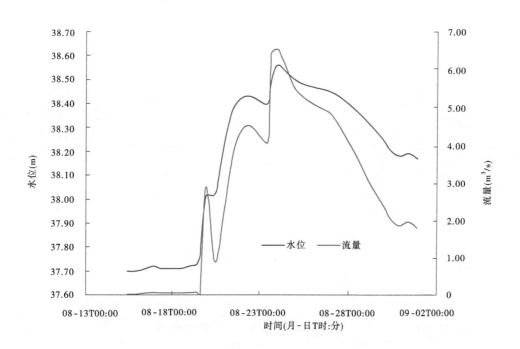

图 3-62　徒骇河刘寨站水位、流量过程线

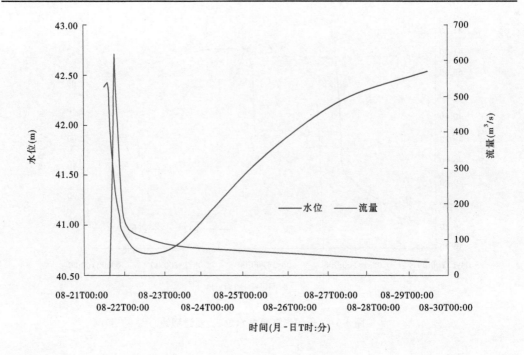

图 3-63　金堤河贾垛站水位、流量过程线

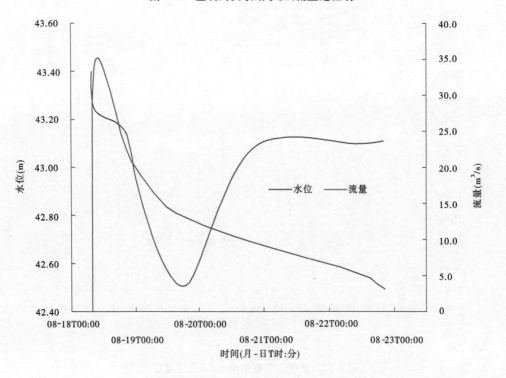

图 3-64　孟楼河石楼站水位、流量过程线

第四节 水闸、中型水库蓄变量

一、商丘

根据本次洪水过程,由砖桥、永城、黄口集三处水闸闸上水位计算蓄水变量,开始水位为本次洪水闸门开启水位,结束水位为本次洪水关闸后闸上水位恢复平稳时水位。经计算,砖桥闸、永城闸、黄口集闸蓄水变量分别为 0.003 1 亿 m^3、0.026 0 亿 m^3、0.019 6 亿 m^3。此外,经调查,南四湖水系吴屯、郑阁、林七、刘口水库的蓄水变量分别为 0.040 4 亿 m^3、0.007 0 亿 m^3、0.083 8 亿 m^3、0.002 0 亿 m^3。

各闸蓄水变量如表 3-11 所示。

表 3-11　商丘市各闸蓄水变量

序号	闸名	闸上水位(m)		对应蓄水量(亿 m^3)		蓄水变量 (亿 m^3)
		起	止	起	止	
1	砖桥闸	40.88	41.24	0.012 2	0.015 3	0.003 1
2	永城闸	29.88	31.30	0.012 5	0.038 5	0.026 0
3	黄口集闸	27.82	28.99	0.031 0	0.050 6	0.019 6
4	吴屯					0.040 4
5	郑阁					0.007 0
6	林七					0.083 8
7	刘口					0.002 0

二、周口

计算周口(贾鲁河闸)、周口(颍河闸)、黄桥闸、槐店闸、沈丘(泉河)闸、玄武闸各闸的蓄水变量分别为 0.000 9 亿 m^3、-0.219 0 亿 m^3、-0.011 0 亿 m^3、-0.007 6 亿 m^3、-0.003 0 亿 m^3、0.012 3 亿 m^3。

各闸蓄水变量如表 3-12 所示。

三、开封

小蒋河大岑寨闸属中型水闸。8 月 18 日 15 时通知提起 3 孔,提闸时水位 4 m,闸门提 3.2 m,8 月 20 日 14 时关闸,开闸前蓄水量 0.004 28 亿 m^3,关闸后蓄满,蓄水变量为 0。

铁底河中营闸属中型水闸。8 月 19 日 8 时通知提起 4 孔,提闸时闸前水位 3.5 m,每孔提升 3 m,保障了洪水顺利下泄。2 天后中营闸闸门全部落下,蓄水变量 0.004 8 亿 m^3。

表 3-12　周口市各闸蓄水变量

序号	闸名	闸上水位(m)		对应蓄水量(亿 m³)		蓄水变量 (亿 m³)
		起	止	起	止	
1	周口(贾鲁河闸)	42.76	43.00	0.005 0	0.005 9	0.000 9
2	周口(颍河闸)	46.63	44.03	0.347 5	0.128 5	−0.219 0
3	黄桥闸	48.23	47.82	0.230 0	0.219 0	−0.011 0
4	槐店闸	38.19	37.92	0.042 0	0.034 4	−0.007 6
5	沈丘(泉河闸)	32.87	32.79	0.063 0	0.060 0	−0.003 0
6	玄武闸	41.91	43.07	0.033 2	0.045 5	0.012 3
合计						−0.217 5

惠济河李岗闸属大型水闸。8 月 19 日 8 时通知提起 4 孔,提闸时闸前水位 4.2 m,水已漫闸门,每孔提升 3 m,8 月 20 日 20 时部分落闸,开闸前蓄水量 0.020 2 亿 m³,关闸后蓄满,蓄水变量为 0。

黄蔡河、李家滩闸降雨前由于干旱无蓄水量,降雨后蓄水量 0.003 9 亿 m³。开封市各闸蓄水变量如表 3-13 所示。

表 3-13　开封市各闸蓄水变量

序号	闸名	闸上水位		对应蓄量(亿 m³)		蓄水变量 (亿 m³)
		起	止	起	止	
1	中营闸					0.004 8
2	李家滩闸					0.003 9
合计						0.008 7

四、濮阳

经调查,本次暴雨洪水过程中马颊河各个闸门均开闸行洪,无蓄水情况,金堤河柳屯闸无蓄水,北金堤沿线闸门无引出水量,临黄堤各口门无引入水量。发生蓄水变量的主要是金堤河张庄闸。本次暴雨洪水过程之前,马颊河平邑闸有少量蓄水,根据水位变幅、河道断面和河底坡降进行计算,约为 0.003 0 亿 m³,应在南乐站径流量中扣除。

根据金堤河张庄闸闸上水位变化计算蓄水变量,为 0.410 0 亿 m³。濮阳市河道拦河闸蓄水变量计算表如表 3-14 所示。

表 3-14 濮阳市河道拦河闸蓄水变量计算表

序号	河名	闸名	闸上水位(m)		对应蓄水量(亿 m³)		蓄水变量 (亿 m³)
			起	止	起	止	
1	金堤河	张庄闸	41.44	42.80	0.120 0	0.530 0	0.410 0
合 计							0.410 0

第五节 出入境水量计算

一、商丘

商丘各河流水量如表 3-15 所示。

表 3-15 商丘各河流水量

序号	站名	所在河流	洪水总量 (亿 m³)	控制断面 以上面积(km²)	境内面积 (km²)	出境水量 (亿 m³)
1	孙庄	包河	0.069 3	84.3	785	0.645 3
2	黄口集闸	浍河	0.209 3	1 201	1 314	0.229 0
3	永城闸	沱河	1.219 0	2 237	2 358	1.285 0
4	砖桥闸	惠济河	0.435 4	3 410	3 700	0.384 0
5	李黑楼闸	王引河	0.759 0	960	1 020	0.806 4
6	包公庙闸	大沙河	0.375 3	1 236	1 246	0.378 3
合 计						3.728 0

注:惠济河开封入境水量 0.081 5 亿 m³ 已扣除。

二、周口

流入周口市境内的河流主要有沙河、颍河、贾鲁河、涡河、惠济河、洮河。"8·18"期间全市入境水量 1.310 0 亿 m³。

出境河流主要有沙颍河、泉河、涡河、黑河、新蔡河、惠济河、洮河。"8·18"期间全市出境水量 2.048 0 亿 m³。

周口各河流水量如表 3-16 所示。

表 3-16　周口各河流水量

入境河流	入境水量（亿 m³）	出境河流	出境水量（亿 m³）
沙河	0.200 9	沙颍河	0.762 9
颍河	0.284 2	泉河	0.690 4
贾鲁河	0.335 4	涡河	0.083 0
涡河	0.002 5	黑河	0.020 4
惠济河	0.435 4	新蔡河	0.004 3
洮河	0.052 0	惠济河	0.435 4
		洮河	0.052 0
合计	1.310 0	合计	2.048 0

三、濮阳

濮阳各河流水量如表 3-17 所示。

表 3-17　濮阳各河流水量

序号	站名	所在河流	洪水总量（亿 m³）	控制断面以上面积（km²）	境内面积（km²）	出境水量（亿 m³）	入境水量（亿 m³）
1	元村站	卫河	0.312 9	14 286	281	0.312 9	0.312 9
2	南乐站	马颊河	0.052 9	1 166	1 166	0.052 9	
3	刘寨站	徒骇河	0.038 8	488		0.038 8	
4	张庄闸	金堤河	0.640 0	5 047	1 816	0.230 0	
5	大韩站	金堤河	0.085 3				0.085 3
	合计					0.634 6	0.398 2

第六节　水量平衡

一、商丘

$$W_P = W_c - W_r + W_E + W_x + W_D + W_T$$

其中：出境水量 $W_c = 3.728$ 亿 m³；

入境水量 $W_r = 0.081\ 5$ 亿 m³；

植物蒸散发水量 W_E 取 E601 型蒸发器 8 月日平均蒸发量 3.5 mm，历时参照洪水过程取 10 日，则 $W_E = 3.5 \times 10 \times 10\ 704 \times 1\ 000 = 3.746$（亿 m³）；

区域蓄水变量 W_x 为境内各闸及水库蓄水总和，经调查 $W_x \approx 0.133\ 2$ 亿 m³；

本次降雨补充地下水量 $W_D = 7.684$ 亿 m^3;

本次降雨补充土壤水量 W_T 取 $I_m = 130$ mm 进行计算,得出 $W_T = (130 - 8.0) \times 10\ 704 \times 1\ 000 = 13.06$(亿 m^3);

以上各项合计为 28.27 亿 m^3。

区域降水量计算按照算术平均法计算,如果按照河南省水文水资源局计算数据,商丘市本次平均降雨为 272 mm,折合区域降水量 $W_P = 272 \times 10\ 704 \times 1\ 000 = 29.11$(亿 m^3)。与本报告分析计算径流、蒸发、补给水量之和 28.27 亿 m^3,误差为 2.9%。

因此,经过实地调查及分析计算,形成径流量、植物蒸散发水量、区域蓄水变量、补充地下水量及补充土壤水量之和与区域降水量相当,商丘"8·18"暴雨水量平衡。

二、周口

$P_a = 13.7$ mm(采用全市 124 个遥测站点前 30 天面平均雨量计算得出);

出境水量 $W_c = 2.048$ 亿 m^3;

入境水量 $W_r = 1.310$ 亿 m^3;

植物蒸散发水量 W_E 取 E601 型蒸发器 8 月日平均蒸发量 3.5 mm,历时参照洪水过程取 10 日,则:

$W_E = 3.6 \times 10 \times 11\ 959 \times 1\ 000 = 4.305$(亿 m^3);

区域蓄水变量 W_x 为境内各闸及水库蓄水总和,经调查:

$W_x \approx 0.217\ 5$ 亿 m^3;

本次降雨补充地下水量 $W_D = 4.736$ 亿 m^3;

本次降雨补充土壤水量 W_T 取 $I_m = 130$ mm、$P_a = 13.7$ mm 进行计算,得出:

$W_T = (130 - 13.7) \times 11\ 959 \times 1\ 000 = 13.91$(亿 m^3);

以上各项合计为 23.47 亿 m^3。

而区域降水量 $W_P = 197.8 \times 11\ 959 \times 1\ 000 = 23.65$(亿 m^3)。

本报告分析计算径流、蒸发、补给水量之和,误差为 0.7%。

因此,经过实地调查及分析计算,形成径流量、植物蒸散发水量、区域蓄水变量、补充地下水量及补充土壤水量之和与区域降水量相当,周口"8·18"暴雨水量平衡。

三、开封

计算公式: $$W_P = W_c - W_r + W_E + W_x + W_D + W_T$$

其中:$P_a = 15$ mm

出境水量 $W_c = 0.310\ 8$ 亿 m^3;

入境水量 $W_r = 0$ m^3;

植物蒸散发水量 W_E 取 E601 型蒸发器 8 月日平均蒸发量 3.1 mm,历时参照洪水过程取 9 日,则:

$$W_E = 3.1 \times 9 \times 6\ 266 \times 1\ 000 = 1.748$$(亿 m^3)

区域蓄水变量 W_x 为境内各闸及水库蓄水总和,经调查:$W_x \approx 0.008\ 7$ 亿 m^3;

本次降雨补充地下水量 $W_D = 1.555$ 亿 m^3；

本次降雨补充土壤水量 W_T 取 $I_m = 130$ mm、$Pa = 15$ mm 进行计算,得出:

$W_T = (130 - 15) \times 6\,266 \times 1\,000 = 7.206(亿\ m^3)$；

以上各项合计为 10.829 亿 m^3。

区域降水量 $W_P = 179 \times 6\,266 \times 1\,000 = 11.216(亿\ m^3)$。

按区域降水量计算结果与本报告分析计算径流、蒸发、补给水量之和误差为 3.5%。

因此,经过实地调查及分析计算,形成径流量、植物蒸散发水量、区域蓄水变量、补充地下水量及补充土壤水量之和与区域降水量相当,开封"8·18"暴雨水量平衡。

四、濮阳

出境水量 $W_c = 0.634\,6$ 亿 m^3；

入境水量 $W_r = 0.398\,2$ 亿 m^3；

蒸散发水量 W_E:E601 型蒸发器 8 月中下旬日平均蒸发量 2.9 mm,历时参照洪水过程取 11 日,则 $W_E = 2.9 \times 11 \times 4\,188 \times 1\,000 = 1.215(亿\ m^3)$；

区域蓄水变量 W_x 为境内各闸及水库蓄水总和,经调查 $W_x \approx 0.410\,0(亿\ m^3)$；

本次降雨补充地下水量 $W_D = 0.819\,0$ 亿 m^3；

本次降雨补充土壤水量 W_T:根据暴雨前后土壤含水量调查情况可知,本次暴雨对土壤含水量补充较少。经综合考量取 $I = 90$ mm 进行计算,得出 $W_T = 90 \times 4\,188 \times 1\,000 = 3.769(亿\ m^3)$；

以上各项合计为 6.039 亿 m^3。

而区域降水量 $W_P = 145.2 \times 4\,188 \times 1\,000 = 6.081(亿\ m^3)$。

区域降水量计算系按照算术平均法计算,$W_P = 6.081$ 亿 m^3。与本报告分析计算径流、蒸发、补给水量之和,误差为 0.7%。

因此,经过实地调查及分析计算,形成径流量、植物蒸散发水量、区域蓄水变量、补充地下水量及补充土壤水量之和与区域降水量相当,濮阳市"8·18"暴雨洪水水量平衡。

第四章　科学应对,成效显著

按照省气象部门预报,台风"温比亚"将于 8 月 17 日夜逐渐影响河南省。省防汛抗旱指挥部办公室(以下简称省防办)于 17 日 11 时召开紧急视频会商会议,要求各有关部门高度重视、精心组织,科学调度,积极备战台风带来的暴雨洪水。省防汛抗旱指挥部(以下简称省防指)于 17 日 11 时启动防汛Ⅳ级应急响应,商丘市防指(市防汛抗旱指挥部)也随即启动防汛Ⅳ级应急响应。

面对严峻的汛情,河南省水文水资源局(以下简称省局)领导班子沉着应对,周密部署,密切协作,上下联动,带领全体水文职工迎战暴雨洪水,全力以赴做好防汛防台风水文测报工作,取得了最终胜利。

一是强化水文测报。各有关勘测局领导以身作则,深入测报一线,在暴雨洪水中全力指挥。有的坐镇水情科,彻夜不眠,全面统筹指挥工作,有的率领应急突击队员至一线进行抢测。据统计,8 月 17 日至 8 月 20 日有关勘测局共测流 180 余站次,根据省防办防汛调度需要,主动加密拍报频次,每两小时向省防办汇报一次测报结果以及雨情信息,为上级部门科学决策及时提供技术支撑。在完成正常测报工作的同时,各局还安排人员车辆对巡测站断面进行了 ADCP 和电波流速仪对比监测,进行了实战练兵,取得了宝贵的对比监测资料和经验。

二是加强会商预警。8 月 16 日至 19 日先后参加 8 次省防办召开的水情会商。同时加强省、驻省辖市、测站三级水文机构及时主动会商,做好预测预报和滚动预报。在台风到来之前科学研判雨水情趋势,对淮河、洪汝河、沙颍河、卫河、金堤河主要河道、水库控制站发生 100 mm、150 mm、200 mm 降雨情况下各水文控制断面、各大中型水库可能出现的最高水位和流量进行预测预报预警 60 余站次;在暴雨洪水过程中实时滚动预报 18 站次,为防汛抗洪调度提供决策支撑。预报蒋家集水文站 19 日 2 时最大流量 800 m³/s 左右,实测 19 日 4 时最大流量 980 m³/s。预报永城水文站 19 日 8 时最大流量 300 m³/s 左右,实测 19 日 22 时最大流量 370 m³/s。

三是强化值守应对。严明防汛值班纪律,强化岗位职责,落实 24 小时值班制度,确保出现重要雨水情时,第一时间向当地政府、防汛部门和省防办报告,为及时转移避险提供有利条件、争取宝贵时间。17 日下午,省局安排水文应急指挥车赶赴信阳,开展应急测报指挥协调;18 日上午根据台风行进路径又赶赴漯河,保障了当地防汛应急指挥通信及测报工作的正常开展。

四是强化信息报送。省局水情处实行 24 小时三岗值班,本次降雨过程共接收雨水情遥测信息 44.5 万条,接收人工报汛信息 1 万余条,向国家防总、各流域委等外省单位转发雨水情信息 32.1 万条;向河南省委省政府、省防指成员单位、水利厅有关防汛人员发送雨水情短信息 18 期 5 400 条;向省防办报送雨水情信息材料 25 期,全省各级水文部门报送雨情预警信息 300 余站次,水情信息和雨水情分析材料 350 余站次。

　　此次台风防御工作由于各级各部门精心组织,科学应对,无一人因洪灾死亡,主要防洪河道堤防无一处决口、大中小型水库无一座垮坝,将台风造成的灾害损失降到了最低。

第五章　不同分辨力雨量计对比

目前,河南省使用的翻斗雨量计有 0.1 mm 和 0.5 mm 两种分辨力,为了进一步了解各设备的适用范围和误差,对全省范围内 0.1 mm 与 0.5 mm 安装位置一致的 12 处站点(商丘业庙、浑河集、大王集,平顶山孤石滩、荒草寺、任店,濮阳清丰,许昌佛尔岗,南阳重阳、龙王沟、打磨石岩)的 1 h、6 h 和日雨量进行了对比分析。

第一节　1 h、6 h 雨量对比

对 12 个站点分别选取 2~3 场次降雨,对比分析分辨力 0.1 mm 与 0.5 mm 设备 1 h、6 h 雨量值。

其中,当降雨强度较小或较大时,两种设备误差相对较小;当降雨强度中等时,两种设备误差相对较大。

一、业庙站

降雨强度较小时,两种设备误差较小,降雨强度较大时,两种设备最大误差 19 mm。
商丘市业庙站 6 h、1 h 雨量对比如图 5-1、图 5-2 所示。

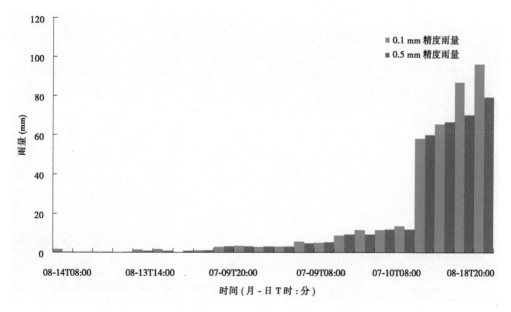

图 5-1　商丘市业庙站 6 h 雨量对比

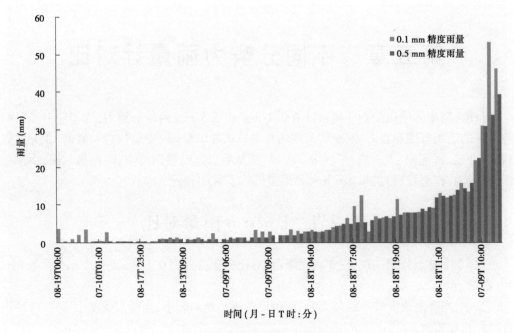

图 5-2　商丘市业庙站 1 h 雨量对比

二、浑河集站

两种设备误差较小。

商丘市浑河集站 6 h、1 h 雨量对比分别如图 5-3、图 5-4 所示。

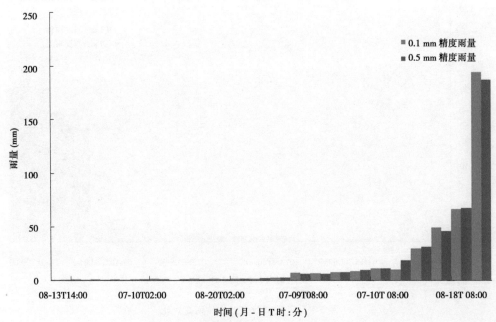

图 5-3　商丘市浑河集站 6 h 雨量对比

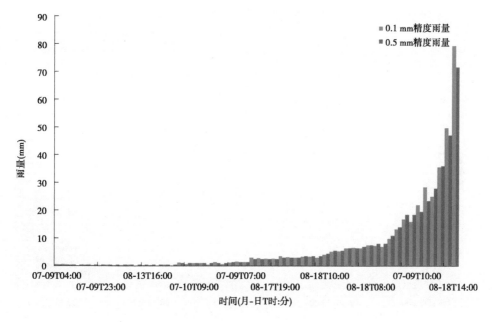

图 5-4　商丘市浑河集站 1 h 雨量对比

三、大王集站

两种设备较小或中等降雨强度时,误差较大,最大误差 22 mm,降雨强度较大时,两种设备误差较小。

商丘市大王集站 6 h、1 h 雨量对比分别如图 5-5、图 5-6 所示。

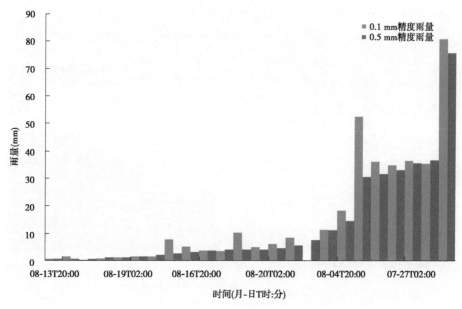

图 5-5　商丘市大王集站 6 h 雨量对比

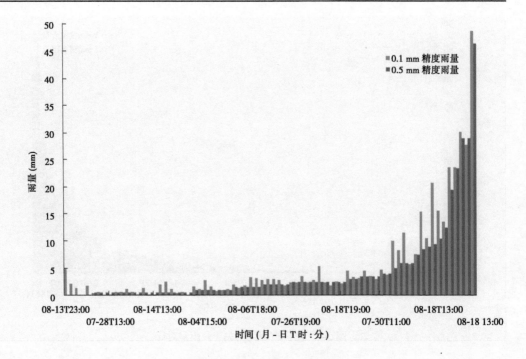

图 5-6　商丘市大王集站 1 h 雨量对比

四、孤石滩站

两种设备误差较小。

平顶山市孤石滩站 6 h、1 h 雨量对比分别如图 5-7、图 5-8 所示。

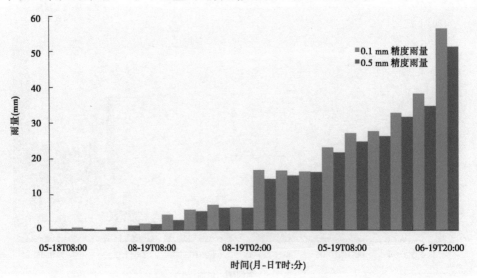

图 5-7　平顶山市孤石滩站 6 h 雨量对比

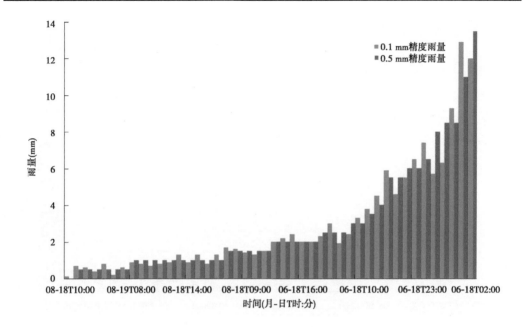

图 5-8　平顶山市孤石滩站 1 h 雨量对比

五、荒草寺站

两种设备较小降雨强度时,误差较小,中等降雨强度时,两种设备最大误差 12 mm。平顶山市荒草寺站 6 h、1 h 雨量对比分别如图 5-9、图 5-10 所示。

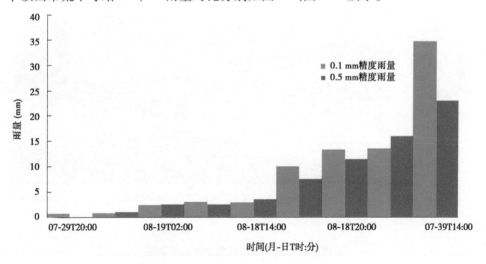

图 5-9　平顶山市荒草寺站 6 h 雨量对比

六、任店站

两种设备较小降雨强度时,误差较小,中等降雨强度时,两种设备最大误差 18 mm。平顶山市任店站 6 h、1 h 雨量对比分别如图 5-11、图 5-12 所示。

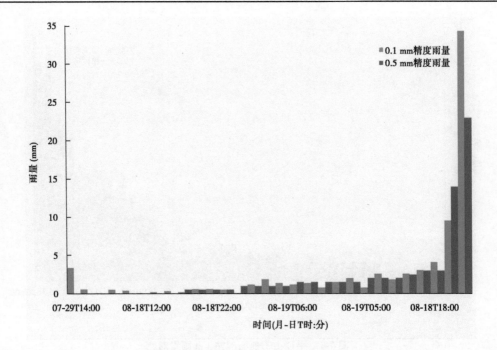

图 5-10　平顶山市荒草寺站 1 h 雨量对比

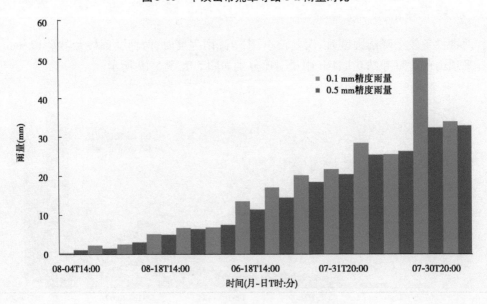

图 5-11　平顶山市任店站 6 h 雨量对比

七、清丰站

两种设备较小降雨强度时,误差较小,中等降雨强度时,两种设备最大误差 20 mm。濮阳市清丰站 6 h、1 h 雨量对比分别如图 5-13、图 5-14 所示。

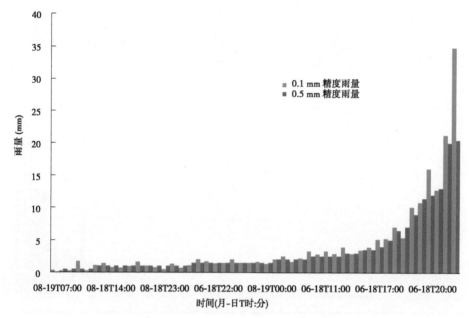

图 5-12　平顶山市任店站 1 h 雨量对比

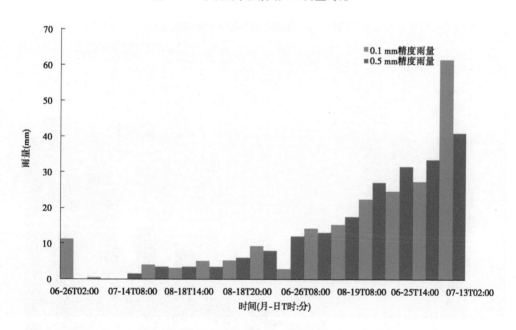

图 5-13　濮阳市清丰站 6 h 雨量对比

八、佛尔岗站

两种设备较小降雨强度时,误差较大,中等降雨强度时,两种设备误差较小。

许昌市佛尔岗站 6 h、1 h 雨量对比分别如图 5-15、图 5-16 所示。

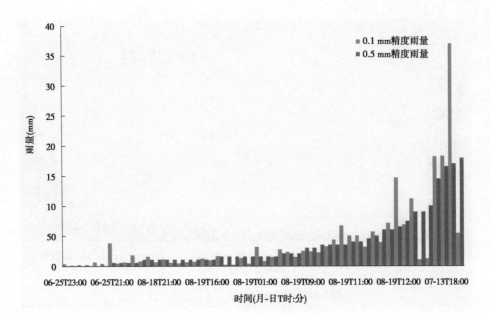

图 5-14　濮阳市清丰站 1 h 雨量对比

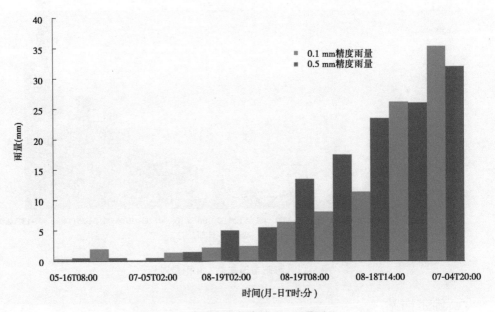

图 5-15　许昌市佛尔岗站 6 h 雨量对比

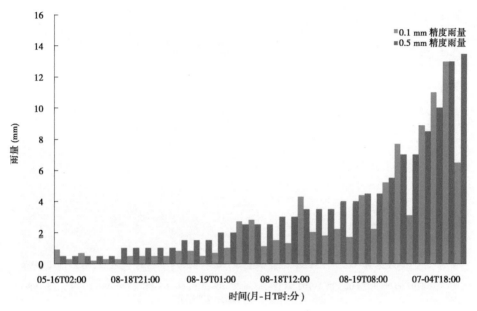

图 5-16　许昌市佛尔岗站 1 h 雨量对比

九、重阳站

两种设备较小降雨强度时,误差较小,中等降雨强度时,两种设备最大误差 12 mm。南阳市重阳站 6 h、1 h 雨量对比分别如图 5-17、图 5-18 所示。

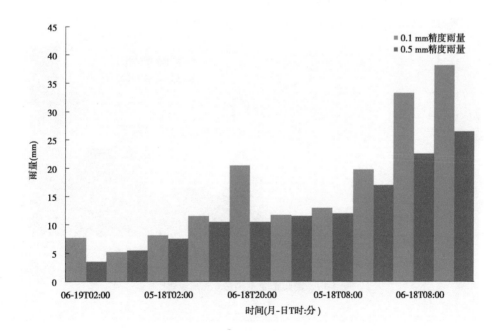

图 5-17　南阳市重阳站 6 h 雨量对比

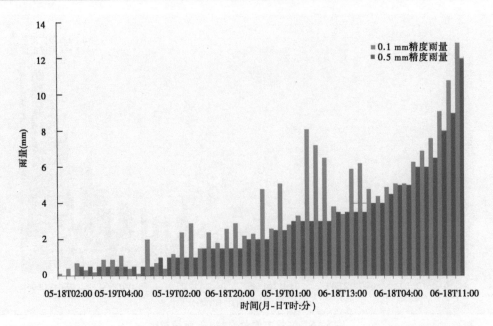

图 5-18　南阳市重阳站 1 h 雨量对比

十、龙王沟站

两种设备不同降雨强度误差均较大。

南阳市龙王沟站 6 h、1 h 雨量对比分别如图 5-19、图 5-20 所示。

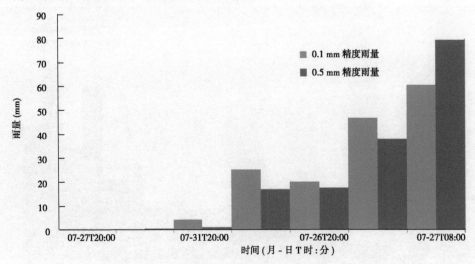

图 5-19　南阳市龙王沟站 6 h 雨量对比

十一、打磨石岩站

两种设备不同降雨强度误差均较大。

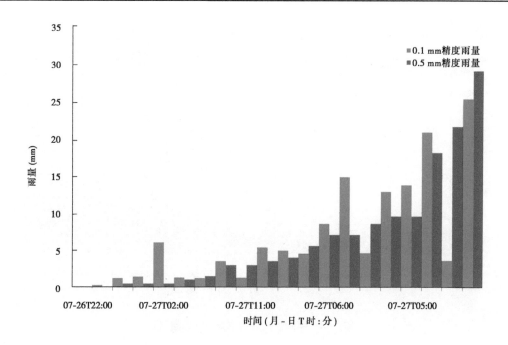

图 5-20 南阳市龙王沟站 1 h 雨量对比

南阳市打磨石岩站 6 h、1 h 雨量对比分别如图 5-21、图 5-22 所示。

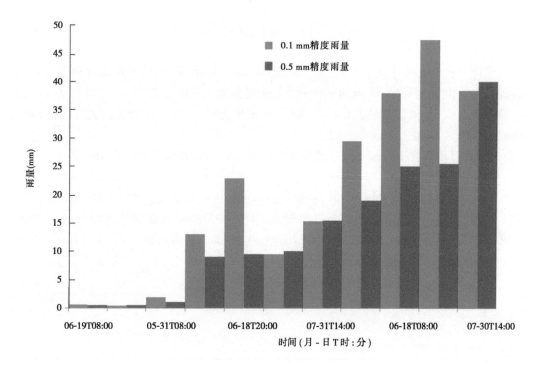

图 5-21 南阳市打磨石岩站 6 h 雨量对比

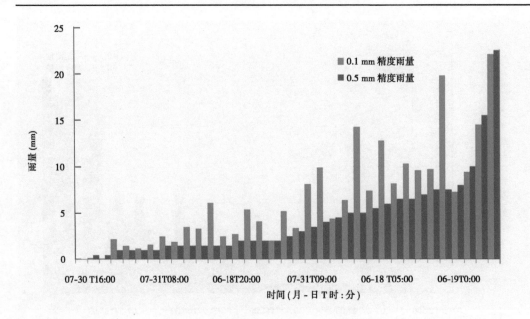

图 5-22　南阳市打磨石岩站 1 h 雨量对比

十二、太康站

两种设备较小降雨强度时误差较大,中等和较大降雨强度时误差较小。

第二节　日雨量对比

统计分析 6 处站点自 5 月 15 日至 9 月 1 日的日雨量,其中:浑河集站分辨力 0.1 mm 设备最大日雨量 244.6 mm,比分辨力 0.5 mm 设备最大日雨量 235 mm 约偏大 10 mm;太康站分辨力 0.1 mm 设备最大日雨量 227.1 mm,比分辨力 0.5 mm 设备最大日雨量 240.5 mm 偏小 13.4 mm。

小雨(日雨量在 10 mm 以下)雨量误差在 3 mm 以内,雨量误差率在 10% 左右;

中雨(日雨量为 10 ~ 24.9 mm)雨量误差 2 ~ 15 mm;

大雨(日雨量为 25 ~ 49.9 mm)雨量误差 3 ~ 30 mm,雨量误差率在 20% ~ 60%;

暴雨(日雨量为 50 ~ 99.9 mm)雨量误差 10 ~ 35 mm,雨量误差率在 10% ~ 30%;

大暴雨(日雨量为 100 ~ 199.9 mm)雨量误差 4 ~ 30 mm,雨量误差率在 5% ~ 10%。

特大暴雨(日雨量在 200 mm 以上)雨量误差 10 mm 左右,雨量误差率小于 5%。

各站 24 h 雨量对比分别如图 5-23 ~ 图 5-28 所示。

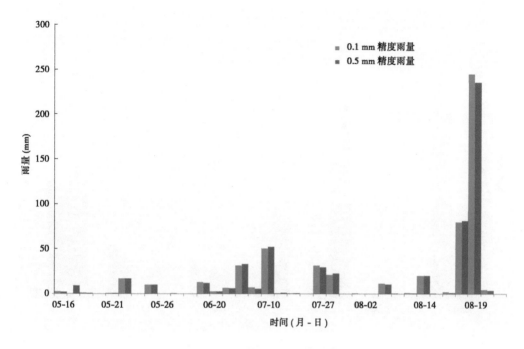

图 5-23　浑河集站 24 h 雨量对比

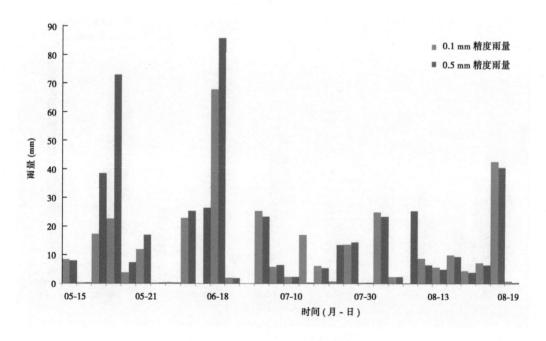

图 5-24　孤石滩站 24 h 雨量对比

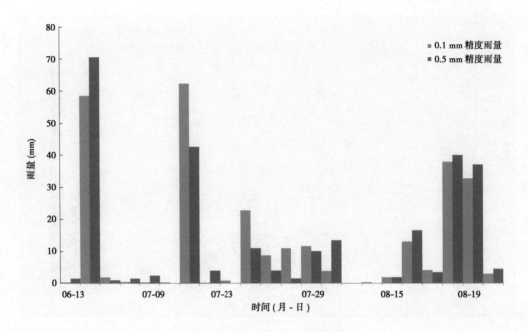

图 5-25　清丰站 24 h 雨量对比

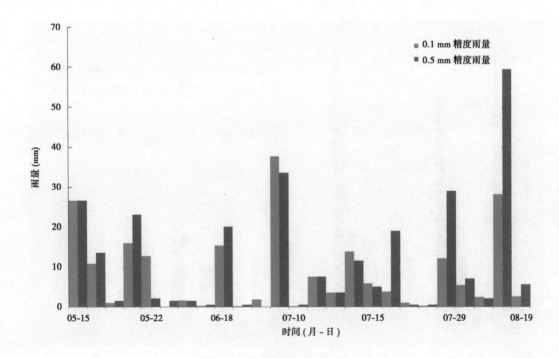

图 5-26　佛尔岗站 24 h 雨量对比

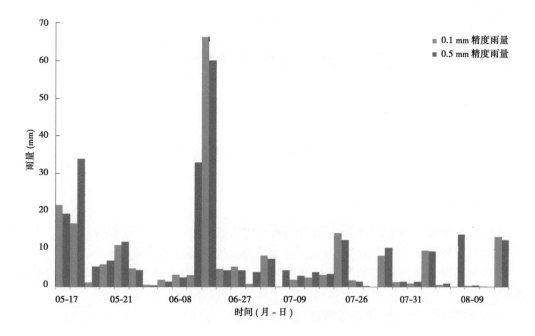

图 5-27　重阳站 24 h 雨量对比

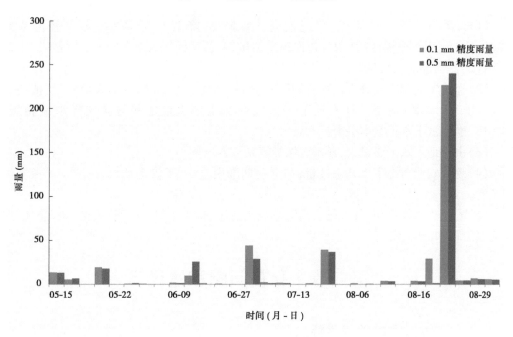

图 5-28　太康站 24 h 雨量对比

第六章　结论和建议

第一节　结　论

一、降雨

(1)由于降雨不均匀,不在同一位置的雨量监测值不相同是完全正常的。

(2)"8·18"暴雨中心站点雨量监测最大绝对误差不超过 10 mm。

(3)各遥测站点的暴雨监测值相对误差在 2% 以内,没有超过规范规定的底限,精度高。

(4)水文系统"8·18"暴雨监测值是完全可靠的。

二、水量

(1)计算各个站径流系数,普遍径流系数偏小,降雨大,产流小。平均径流系数 0.085,最大王引河李黑楼站 0.28,包河孙庄站 0.24,沙颍河槐店站 0.22,最小黑河周堂桥站 0.002,涡河邸阁站 0.002。

(2)经过实地调查及分析计算,商丘市、开封市、周口市、濮阳市形成径流量、植物蒸散发水量、区域蓄水变量、补充地下水量及补充土壤水量之和与区域降水量相当,"8·18"暴雨洪水水量基本平衡。

(3)由于地下水下渗量大,暴雨区域径流系数普遍偏小。

(4)现代农业对地下水开采过量,加上前期降雨量小,下渗雨量大,也减少了径流量的产生。

(5)农民为方便耕作,各种排水沟随意填土过车,排水不畅,降雨进入沟、渠、洼地,继而使农田积水,造成涝灾。

第二节　存在问题和建议

一、水文测报手段亟待改善

淮河流域现有的水文测验设施多建于 20 世纪 70 年代,存在着观测场地不标准、测验设备陈旧老化、站房标准低等问题。近几年虽然国家加大了对水利的投入,但远不能满足现代水利、智慧水利对水文事业提出的要求。部分基层报汛站仍采用传统人工测流,严重影响了水情信息的精度和时效性。因此,必须加快完善水文自动测报系统的建设,特别是流量在线监测技术,大力推广新技术,提高水文自动测报的能力,更好地为现代防汛服务。

二、水文应急监测能力亟待加强

要强化水文应急测报,积极应用无人机、三维全息摄影、卫星遥感等新技术,提高应对突发水事件水文应急分析能力。一般车辆不能满足暴雨中巡测的要求,无法到达测验断面;配备高性能的越野车辆,为今后的暴雨洪水监测工作做好准备。

三、水文站网亟待完善

豫东地区拦河闸很多,大中型水闸多数没有水文监测设施,或者设施不完备,不能实时记录水位、蓄量、泄量,闸坝上游河道淤积严重,水位蓄量关系发生重大变化,水量不能准确计算,不能为开发利用、水环境治理、水生态保护提供基础资料。建议今后各类水利工程在除险加固、河道治理、新建工程时,必须配套建设水文监测设施,统一标准,统一信息协议,补齐监测缺失短板,同时开展河道地形测量,建立新的水位蓄量关系曲线。

参 考 文 献

[1] 水利部淮河水利委员会. 淮河流域淮河水系实用水文预报方案[M]. 济南:黄河出版社,2002.

[2] 水利部水文局,淮河水利委员会. 2007 年淮河暴雨洪水[M]. 北京:中国水利水电出版社,2007.

[3] 淮河水利委员会水文局(信息中心). 淮河正阳关以上流域短时段水文预报方法研究[M]. 合肥:安徽科学技术出版社,2013.

[4] 中华人民共和国水利部. 降水量观测规范:SL 21—2015[S]. 北京:中国水利水电出版社,2015.

[5] 中华人民共和国水利部. 水文调查规范:SL 196—2015[S]. 北京:中国水利水电出版社,2015.